Philipp Schmidt-Thomé

Integrar os perigos, os riscos e as alterações climáticas no ordenamento do território

AF524682

Philipp Schmidt-Thomé

Integrar os perigos, os riscos e as alterações climáticas no ordenamento do território

ScienciaScripts

Imprint
Any brand names and product names mentioned in this book are subject to trademark, brand or patent protection and are trademarks or registered trademarks of their respective holders. The use of brand names, product names, common names, trade names, product descriptions etc. even without a particular marking in this work is in no way to be construed to mean that such names may be regarded as unrestricted in respect of trademark and brand protection legislation and could thus be used by anyone.

Cover image: www.ingimage.com

This book is a translation from the original published under ISBN 978-3-659-85346-3.

Publisher:
Sciencia Scripts
is a trademark of
Dodo Books Indian Ocean Ltd. and OmniScriptum S.R.L publishing group

120 High Road, East Finchley, London, N2 9ED, United Kingdom
Str. Armeneasca 28/1, office 1, Chisinau MD-2012, Republic of Moldova, Europe
Managing Directors: Ieva Konstantinova, Victoria Ursu
info@omniscriptum.com

Printed at: see last page
ISBN: 978-620-8-37565-2

Copyright © Philipp Schmidt-Thomé
Copyright © 2024 Dodo Books Indian Ocean Ltd. and OmniScriptum S.R.L publishing group

Conteúdo

Lista de publicações originais....4
Introdução....5
O papel dos perigos naturais, dos riscos e das alterações climáticas no ordenamento do território.8
Perguntas....16
Objetivo do presente estudo....17
Material e métodos....19
Resultados....21
Discussão....34
Conclusões....47
Agradecimentos....49
Referências....51

Dedicado ao

meu avô Paul

e ao

meu pai Michael

Philipp Schmidt-Thomé. 2006. Integração de perigos naturais, riscos e alterações climáticas nas práticas de planeamento espacial. Serviço Geológico da Finlândia, Espoo, 31 + 107 páginas com 6 artigos originais.

A maioria dos países da Europa, bem como muitos países de outras partes do mundo, estão a sofrer um impacto crescente dos riscos naturais. Especula-se frequentemente, mas ainda não está provado, que as alterações climáticas podem influenciar a frequência e a magnitude de certos riscos naturais hidrometeorológicos. O que se tem observado, sem dúvida, é um aumento acentuado das perdas financeiras causadas por riscos naturais em todo o mundo. Embora a Europa pareça ser menos afetada por riscos naturais catastróficos do que outras partes do mundo, os danos sofridos nesta região estão certamente a aumentar. As catástrofes naturais, as alterações climáticas e, em particular, os riscos foram, por isso, recentemente colocados no topo da agenda política da UE.

Na procura de instrumentos adequados para atenuar os impactos dos perigos naturais e das alterações climáticas, bem como os riscos, a integração destes factores nas práticas de ordenamento do território está constantemente a receber maior atenção. A maioria das abordagens centra-se em estratégias de atenuação de perigos isolados e de alterações climáticas. A atual mudança de paradigma da atenuação das alterações climáticas para a adaptação é utilizada como base para tirar conclusões e recomendações sobre os conceitos adicionais que podem ser incorporados nas práticas de ordenamento do território e, por exemplo, as abordagens multi-riscos são discutidas como uma abordagem importante que deve ser mais desenvolvida. É dada especial atenção à definição e aplicabilidade dos termos *perigo natural*, *vulnerabilidade* e *risco* nas práticas de ordenamento do território. Os conceitos de risco, em especial, são tão múltiplos e complicados que a sua aplicação no ordenamento do território tem de ser analisada com muito cuidado.

Esta tese de doutoramento baseia-se em seis artigos publicados que descrevem os resultados de projectos de investigação europeus, que elaboraram estratégias e ferramentas para práticas integradas de comunicação e avaliação dos riscos naturais e dos impactos das alterações climáticas. Os artigos descrevem abordagens a nível local, regional e europeu, tanto do ponto de vista teórico como prático. Com base nelas, são analisadas e discutidas as potenciais aplicações passadas, actuais e futuras do ordenamento do território.

Em conclusão, recomenda-se que se passe de avaliações de risco único para abordagens de risco múltiplo, integrando os potenciais impactes das alterações climáticas. Os conceitos de vulnerabilidade devem desempenhar um papel mais importante do que atualmente, e a adaptação aos riscos naturais e às alterações climáticas deve ser mais realçada em relação à atenuação. As futuras práticas de ordenamento do território devem também considerar uma maior interdisciplinaridade, ou seja, integrar o maior número possível de partes interessadas e peritos para garantir a sustentabilidade dos investimentos.

Palavras-chave: riscos naturais, riscos geológicos, alterações climáticas, vulnerabilidade, avaliação de riscos, ordenamento do território, Europa.

Philipp Schmidt-Thomé

Serviço Geológico da Finlândia, Espoo.

Correio eletrónico: philipp.schmidt-thome@gtk.fi

Lista de publicações originais

Schmidt-Thomé, P., Greiving, S., Kallio, H., Fleischhauer, M., & Jarva, J. 2006.

Mapas de risco económico de inundações e sismos para as regiões europeias. In: Quaternário Internacional 150, p. 103-112.

Schmidt-Thomé, P. & Kallio, H. 2006. Mapas de Riscos Naturais e Tecnológicos da Europa. In: Schmidt-Thomé, P. (ed.) 2006. Natural and Technological Hazards and Risks in European Regions. Geological Survey of Finland Special Paper 42, 17-63. Schmidt-Thomé, P. & Peltonen, L. 2006. Sea level Change Assessment in the Baltic Sea Region and Spatial Planning Responses (Avaliação das alterações do nível do mar na região do Mar Báltico e respostas do ordenamento do território). In: Schmidt-Thomé, P. (ed.) 2006. Sea level Changes Affecting the Spatial Development of the Baltic Sea Region (Alterações do nível do mar que afectam o desenvolvimento espacial da região do Mar Báltico). Serviço Geológico da Finlândia, Documento Especial 41, Espoo, p. 7-17.

Klein, J. & Schmidt-Thomé, P. 2006. Impactos e capacidade de resposta como elementos-chave numa avaliação de vulnerabilidade em cenários de alterações do nível do mar. In: Schmidt-Thome, P. (ed.) 2006. Sea level Changes Affecting the Spatial Development of the Baltic Sea Region (Alterações do nível do mar que afectam o desenvolvimento espacial da região do Mar Báltico). Serviço Geológico da Finlândia, Documento Especial 41, Espoo, p. 45-50.

Schmidt-Thomé, P., Viehhauser, M. & Staudt, M. 2006. Climate Change Impacts on Sea Level and Runoff Patterns (Impactos das alterações climáticas no nível do mar e nos padrões de escoamento superficial): Application of a Decision Support Frame for Spatial Planners in case study areas. In: Quaternary International 145/146, p. 135-144.

Schmidt-Thomé, P., Staudt, M., Kallio, H. & Klein, J. 2005. Quadro de Apoio à Decisão para Estimar Possíveis Impactos Futuros das Alterações do Nível do Mar na Contaminação do Solo. In: Lens, P., Grotenhuis, T., Malina, G., Tabak, H. (eds): Soil and Sediment Remediation: Mechanisms, Technologies and Applications. Integrated Environmental Technology Series, Londres, p. 409-417.

No trabalho I, Philipp Schmidt-Thomé contribuiu igualmente para o desenvolvimento das metodologias de perigos e riscos e foi responsável pela elaboração das conclusões. No documento II, Philipp Schmidt-Thomé foi responsável pelo desenvolvimento da maior parte das metodologias e pelas descrições dos perigos e interpretações dos resultados. Nos artigos III e IV, ambos os autores são igualmente responsáveis pelo desenvolvimento da metodologia. Nos documentos V e VI, Philipp Schmidt-Thomé foi responsável pelo desenvolvimento da metodologia e igualmente responsável pela sua aplicação em Gdansk e pela análise dos resultados. Philipp Schmidt-Thomé preparou todos os manuscritos I-VI e foi responsável pela comunicação com os revisores e os editores.

Introdução

Os riscos naturais sempre desempenharam um papel importante, para não dizer vital, no desenvolvimento das sociedades e culturas. Sempre representaram ameaças para os seres humanos e os seus bens e conduziram frequentemente a catástrofes catastróficas. Algumas destas catástrofes estão muito bem documentadas (por exemplo, Pompeia), enquanto outras só podem ser detectadas por provas geológicas, como é o caso dos tsunamis na Índia (Chandrasekar et al. 2006). Algumas catástrofes naturais baseiam-se em mitos, como por exemplo o dilúvio bíblico, e não foram provadas. Apesar das ameaças reais ou imaginárias a uma povoação ou a uma sociedade, os seres humanos têm continuado a habitar e a instalar-se em zonas naturalmente perigosas, pondo em risco as suas vidas e bens. Muitas vezes, os riscos foram assumidos deliberadamente, apesar da ocorrência de várias catástrofes e da ameaça contínua de perigos naturais. Ao longo dos séculos, muitas dessas povoações transformaram-se em cidades importantes do ponto de vista cultural e económico. Podem encontrar-se exemplos de grandes cidades que foram recentemente gravemente afectadas por perigos naturais em todos os continentes, como Praga (inundações em 2003), Kobe (terramoto em 1995), Camberra (incêndios florestais em 2003), São Salvador (terramoto e deslizamento de terras em 2001) e Nova Orleães (furacão em 2005).

São muitas as razões que levam os seres humanos a instalarem-se em zonas perigosas. Um aspeto é o facto de algumas zonas, que possuem certas vantagens naturais que atraíram as primeiras povoações, estarem também ameaçadas por riscos naturais. Os riscos naturais podem até ser a razão das vantagens locais (por exemplo, solos férteis em zonas vulcânicas ou planícies aluviais), e os próprios riscos não foram reconhecidos, ou foram subestimados, até ser demasiado tarde e ocorrerem catástrofes. Muitos riscos naturais raramente resultam em catástrofes na escala de tempo humana, pelo que a verdadeira ameaça é frequentemente reconhecida demasiado tarde, ou foi deliberadamente retirada, uma vez que prevaleceram as outras vantagens das zonas de povoamento. [th]Até ao século XX, e por vezes ainda hoje, os riscos naturais são considerados como um "ato divino", um termo ainda utilizado em pedidos de indemnização (Kusler 2004). Kusler argumenta que, hoje em dia, quando os riscos naturais são mais bem compreendidos e a previsão está a melhorar, o termo "ato de Deus" está a perder a sua justificação. No entanto, muitas povoações cresceram de tal forma que a deslocalização para zonas menos perigosas não é uma opção. Além disso, muitas vezes houve, e ainda há, a crença de que a ciência e a tecnologia poderiam um dia ajudar a prever e/ou eliminar completamente os riscos naturais. O facto é que a maioria dos riscos naturais não pode ser totalmente atenuada e, para além de uma definição baseada em provas das zonas potencialmente perigosas, continua a ser impossível de prever, pelo menos numa perspetiva de longo a médio prazo. Por conseguinte, está a crescer o entendimento, forçado em parte por considerações políticas, de que a atenuação dos riscos deve ser incorporada no ordenamento do território (por exemplo, Nações Unidas 2004). Os actores com orientação financeira, e cada vez mais também os grupos de peritos governamentais, sublinham que, uma vez que os riscos naturais não podem ser evitados, devem ser envidados mais esforços na redução da vulnerabilidade e na adaptação aos riscos (por exemplo, Marttila 2005, Munich Reinsurance Company 2004).

As povoações afectadas por catástrofes naturais raramente foram deslocadas de áreas naturalmente perigosas, mas tendem a ser reconstruídas nas proximidades ou sobre as ruínas de catástrofes anteriores. Atualmente, os riscos, a sua origem, a magnitude potencial e os períodos de retorno prováveis são mais bem compreendidos, mas, mesmo assim, as pessoas permanecem em zonas perigosas, muitas vezes apesar de um melhor conhecimento. As razões para não abandonar ou desistir de povoações e habitações são muitas. Para além das vantagens naturais de certas zonas de risco, os aspectos tradicionais são uma razão para permanecer, por exemplo, o facto de as pessoas estarem profundamente enraizadas numa zona. As questões financeiras também desempenham um papel importante, uma vez que muitas povoações tradicionais e novas têm certas vantagens estratégicas (naturais, comerciais, militares, etc.) que não são fáceis de encontrar noutros locais. Além disso, abandonar as estruturas de povoamento existentes e funcionais é muito dispendioso e um potencial risco natural é, assim, considerado menos problemático em comparação com uma deslocalização total (por exemplo, Lomnitz 1974).

Raramente se encontram na história da humanidade exemplos de uma deslocalização total e sustentável de povoações há muito existentes devido a uma potencial ameaça de riscos naturais. Por exemplo, a capital do Estado centro-americano de El Salvador, a cidade de San Salvador, foi transferida para Santa Tecla após um terramoto em 1854, mas regressou à sua localização original em 1895, principalmente devido à falta de apoio público. Com base nesta experiência, a relocalização da capital da Nicarágua, Manágua, foi avaliada mas não recomendada (por exemplo, Lomnitz 1974). Em vez de planos de relocalização, os estudos geológicos do local são utilizados para a construção à prova de sismos para apoiar o planeamento urbano local na América Central (por exemplo, Schmidt-Thomé 1975). Existem certamente outros exemplos de práticas de relocalização, mas muitas vezes várias outras razões para a relocalização de povoações, para além dos riscos naturais, eram igualmente fortes. Por exemplo, a deslocalização de povoações e pessoas de áreas sujeitas a seca no Laos teve alegadamente motivações políticas (Petschel-Held 2001). A relocalização de povoações é uma questão sensível, tanto do ponto de vista político como do ponto de vista dos residentes, e é difícil de gerir (Napier & Rubin 2002), apesar de o Conselho Económico das Nações Unidas recomendar a relocalização de edifícios vulneráveis em zonas propensas a inundações (Nações Unidas 2000). A relocalização pode parecer a forma mais segura de evitar os riscos naturais, mas o impacto do processo de relocalização na vida dos cidadãos é dramático e difícil de gerir. Há vários exemplos de tentativas de relocalização mal sucedidas (por exemplo, Perry & Lindell 1997). Embora a Itália seja um país onde a relocalização de áreas perigosas é imposta pela lei de planeamento, na prática, poucas actividades de relocalização ocorrem (Galderisi & Menoni 2006).

Este estudo analisa a utilização e aplicação de informações sobre riscos naturais e o potencial impacto das alterações climáticas sobre os mesmos nas práticas de ordenamento do território. O estudo vai além da apresentação dos perigos em mapas para fins de planeamento. Concentra-se nos processos de comunicação, tendo em conta que a visualização das extensões territoriais de perigos e ameaças é uma ferramenta útil que deve ser manuseada com grande cuidado. O objetivo deste estudo é, portanto, o tipo de informação que os planeadores e outras partes interessadas necessitam quando discutem os perigos naturais e os impactos das alterações climáticas e a forma como essa informação deve ser utilizada nos processos de comunicação. Uma compreensão alargada dos perigos e do seu potencial impacto no desenvolvimento espacial é vital para a discussão da mitigação e da adaptação.

Os termos "*partes interessadas*" e *"ordenamento do território"* são explicados em mais pormenor no capítulo *"Objetivo do presente estudo"*.

O estudo baseia-se em seis artigos científicos publicados que resumem os resultados da investigação de projectos científicos europeus sobre os temas dos perigos, riscos e impactos das alterações climáticas. O estudo começa com uma introdução ao papel dos perigos naturais e das alterações climáticas no ambiente em que vivemos. Em seguida, analisa as práticas de planeamento espacial e o seu desenvolvimento. Os resultados são apresentados com um resumo dos seis artigos publicados, seguido de uma discussão sobre as aplicações práticas dos dados relativos a perigos, riscos e alterações climáticas nas práticas de planeamento.

O papel dos perigos naturais, dos riscos e das alterações climáticas no ordenamento do território

Riscos naturais e ordenamento do território

A integração de temas relacionados com os riscos no planeamento começou com os regulamentos relativos à proteção contra catástrofes há cerca de 30 anos (por exemplo, Anderson et al. 2003). Desde a década de 1980, a atenuação dos perigos naturais começou a ser integrada no ordenamento do território nos países desenvolvidos, o que levou a uma abordagem a nível mundial, por exemplo, a proclamação pela ONU da Década Internacional para a Redução de Catástrofes em 1990 (Quarantelli 1995). Apesar desta iniciativa internacional, a consideração dos perigos e da atenuação dos riscos nas políticas de planeamento continua a ser rara (PNUD 2004). A importância do planeamento espacial na gestão do risco foi compreendida e implementada mais vigorosamente desde meados da década de 1990 (por exemplo, Burby 1998, Godschalk et al. 1999). Uma das primeiras leis nacionais sobre planeamento, perigos e riscos foi assinada nos Estados Unidos da América em 2000 (Disaster Mitigation Act, 2000).

Na década de 1990, as considerações relativas aos perigos naturais e aos riscos começaram a fazer parte do planeamento na Europa (por exemplo, Fleischhauer et al. 2006), mas muitos países ainda não dispõem de orientações claras sobre a forma de lidar com os perigos e os riscos a nível do ordenamento do território (por exemplo, PNUD 2004). A nível da UE, o Esquema de Desenvolvimento do Espaço Comunitário (EDEC 1999), a Conferência Europeia dos Ministros Responsáveis pelo Ordenamento do Território (CEMAT 2003) e o grupo de trabalho da UE sobre Ordenamento do Território e Desenvolvimento Urbano (SUD 2003) apelam à integração dos perigos e riscos na política regional da UE. A Comissão Europeia sublinhou que os Fundos Estruturais Europeus 2007-2013 devem estar ligados à prevenção de riscos e salientou que é necessária uma abordagem integrada da gestão de riscos a nível da UE (Comissão Europeia 2004, 2006).

Há várias razões, principalmente económicas, para esta recente maior atenção aos riscos naturais e ao planeamento. Numa perspetiva global, as perdas seguradas devidas a riscos naturais têm vindo a aumentar nas últimas décadas, com um grande aumento das perdas nos últimos anos (Munich Reinsurance Company 2004). Uma análise dos dados relativos às perdas financeiras relacionadas com os riscos naturais revela que, desde a década de 1960, se tem registado um aumento tanto dos acontecimentos catastróficos como das perdas seguradas. No entanto, olhando para as últimas duas décadas, verifica-se que o aumento dramático das perdas financeiras não se reflecte na mesma medida no aumento de acontecimentos catastróficos (comunicados) ou na perda de vidas humanas (por exemplo, Emergency Disasters Database 2006). Por conseguinte, é provável que a tendência para o aumento dos prejuízos financeiros seja o resultado de um aumento do número total de catástrofes efetivamente comunicadas. Os dados anteriores a 1980 não são tão exactos como os dados mais recentes (por exemplo, PNUD 2004). Além disso, as perdas seguradas aumentaram acentuadamente devido ao aumento constante dos valores de mercado dos bens e activos segurados. Por outras palavras, pode haver um aumento dos riscos naturais catastróficos, mas o aumento dramático das perdas também se deve, em parte, ao crescimento económico. Tem havido um forte aumento do número de pessoas afectadas por catástrofes, o que também se deve ao aumento da população mundial. Por outro lado, o número de vítimas mortais de catástrofes naturais não aumentou nos últimos 100 anos. Mesmo em 2004 (ano em que ocorreu a catástrofe do tsunami no Oceano Índico) não foi atingido o número mais elevado de vítimas mortais registado (Emergency Disasters Database 2006). Nesta análise, há que ter em conta que não existem conjuntos de dados completos e coerentes que abranjam todas as catástrofes naturais e os seus efeitos.

Os meios de comunicação social têm utilizado frequentemente os registos de perdas financeiras crescentes como uma indicação dos impactos das alterações climáticas (por exemplo, Spiegel Online 2006, Deutsche Welle 2006).

Os indícios de um aumento dos riscos naturais resultam frequentemente do número comparativamente elevado de inundações e tempestades extremas registadas nos últimos anos (por exemplo, Munich Reinsurance Company 2004). Embora não haja dúvidas de que o clima está a mudar, permanece a questão de saber até que ponto a ocorrência ou a magnitude dos riscos naturais já são influenciadas por este processo. Há indícios de que as alterações climáticas podem conduzir a um aumento dos fenómenos meteorológicos extremos ou dos riscos hidrometeorológicos, mas até agora não há provas estatísticas desse facto (por exemplo, Church et al. 2001, Barring & Persson 2006,

Rahmstorf & Schellnhuber 2006). Juntamente com a discussão sobre fenómenos extremos, está em curso um debate sobre os efeitos das alterações climáticas e as potenciais estratégias de atenuação, como o Protocolo de Quioto. Os jornalistas parecem, por vezes, modificar deliberadamente os contextos científicos apresentados pelos investigadores do clima, a fim de associar as alterações climáticas aos riscos naturais sem provas científicas. Este facto sugere que os bons títulos contam mais do que as boas provas (por exemplo, artigo relacionado no Die Zeit 2005).

Por exemplo, muitos meios de comunicação social atribuíram a tempestade de inverno extrema "Erwin/Gudrun" que ocorreu no Mar Báltico em 2005 e as inundações de Nova Orleães pelo furacão "Katrina", entre vários outros fenómenos naturais ou catástrofes, às alterações climáticas (por exemplo, Deutsche Welle 2006, Spiegel Online 2006, The Time 2005). É possível que estas duas tempestades, em particular, tenham sido fenómenos meteorológicos extremos, uma vez que existem análises contraditórias sobre as tendências dos furacões e as suas ligações às alterações climáticas. Foram sugeridas tendências de aumento das magnitudes, por exemplo, nos ciclones tropicais (por exemplo, Emanuel 2005, Mann & Emanuel 2006), mas as séries cronológicas ainda não são suficientemente longas para se chegar a conclusões definitivas (Trenberth 2005). No entanto, a cobertura noticiosa proeminente sobre, por exemplo, riscos hidrometeorológicos e fenómenos extremos poderia facilmente levar um leigo a associar os efeitos das alterações climáticas à frequência e intensidade das tempestades (por exemplo, Die Zeit 2006).

O aumento das perdas financeiras devido a riscos naturais é, assim, frequentemente atribuído às alterações climáticas com explicações monocausais. Em vez disso, há outros factores que também devem ser avaliados no debate. Por exemplo, os efeitos da globalização, em especial a concentração de capital e a crescente dependência da mobilidade, conduzem a um aumento das perdas em caso de catástrofes naturais (McBean & Henstra 2003). Isto indica que é muito importante um maior envolvimento das partes interessadas no processo de compreensão e tratamento das fontes e efeitos dos riscos naturais e das suas implicações financeiras, bem como dos efeitos potenciais das alterações climáticas nos riscos naturais.

Um aspeto da razão pela qual os riscos naturais não têm desempenhado um papel importante no ordenamento do território nos países europeus é provavelmente o facto de outras partes do mundo parecerem ser mais gravemente afectadas pelos riscos naturais do que a Europa. Isto parece óbvio quando se compara o número total de vítimas e as perdas financeiras devidas a catástrofes naturais ocorridas desde a década de 1950 por continente. Em comparação com o grande número de catástrofes e de pessoas afectadas ou mortas em África, nas Américas e na Ásia, o continente europeu é muito menos afetado pelos riscos naturais (Emergency Disaster Database 2006). Mas a impressão de um continente menos afetado só é verdadeira à primeira vista. Quando uma região é atingida por uma catástrofe, o número total de vítimas e a magnitude das perdas têm de ser vistos no contexto das respectivas estatísticas regionais ou nacionais e não à escala continental ou global. Quando um perigo atinge uma região que não está habituada a tal acontecimento, pode causar danos imprevistos de todos os tipos (por exemplo, PNUD 2004). Por conseguinte, é necessário que as extensões locais, regionais ou nacionais dos riscos naturais sejam avaliadas a uma escala adequada, a fim de evitar perdas e potenciais efeitos duradouros, por exemplo no sector do turismo. Historicamente, ocorreram várias catástrofes naturais na Europa, mas muitas delas foram esquecidas da memória colectiva. Os tsunamis, por exemplo, não têm desempenhado um papel importante no pensamento europeu recentemente, nem mesmo quando as Ilhas Baleares foram atingidas por um após o terramoto na Argélia em 2003 (Hébert, 2003). Felizmente, este tsunami tinha apenas 1,5-2 m de altura e os danos limitaram-se a alguns barcos nos portos. Este tsunami não foi mencionado nos meios de comunicação europeus, apesar de o último tsunami na Europa ter ocorrido menos de 100 anos antes, em 1908, em Messina, causando mais de 50 000 vítimas. A cobertura noticiosa do tsunami de 2003 poderia ter sido muito maior se tivesse ocorrido após o tsunami do Oceano Índico em 2004, e os apelos a sistemas mediterrânicos de alerta precoce de tsunamis poderiam ser muito mais fortes do que são atualmente.

Alterações climáticas e ordenamento do território

Os potenciais efeitos das alterações climáticas na magnitude e frequência dos riscos naturais são atualmente um tema de grande preocupação tanto para os cientistas como para as partes interessadas (por exemplo, Schellnhuber et al. 2006). Por conseguinte, este estudo não se centra apenas na integração dos riscos naturais nas práticas de planeamento, mas também nos efeitos que as alterações climáticas podem ter nos riscos naturais e na forma como esta informação, que se baseia em cenários, pode ser utilizada nos processos de tomada de decisão.

As alterações climáticas só recentemente foram integradas no ordenamento do território; por exemplo, no Reino Unido, o termo "sustentável" foi integrado no planeamento durante a década de 1990 (Bulkeley 2006). As alterações climáticas são integradas no planeamento principalmente sob a forma de estratégias de atenuação, ou seja, centrando-se na redução das emissões de gases com efeito de estufa em geral ou no papel do tráfego em particular (Robinson 2006, Levett 2006).

A adaptação às alterações climáticas está a começar a receber atenção no ordenamento do território. Nos Países Baixos, que começaram a integrar as alterações climáticas no planeamento neste século, a atenção começa a passar das estratégias de mitigação para as de adaptação (Vries 2006). Existem várias estratégias e apelos nacionais para a integração das alterações climáticas, e uma tendência positiva é o facto de várias cidades ou regiões terem tomado medidas por conta própria para lidar com os impactos das alterações climáticas (por exemplo, Marttila et al. 2005, Reino Unido 2006). Peltonen et al. (2005) apresentam uma série de recomendações para integrar a adaptação às alterações climáticas no planeamento urbano. Um exemplo concreto de uma cidade que tomou uma decisão relacionada com a investigação sobre as alterações climáticas foi a Câmara Municipal de Parnu (2006). Foi decidido adiar as actividades de elevação da superfície do solo propostas, a fim de ter em conta os resultados dos estudos de impacto das alterações climáticas na conceção de medidas de proteção contra inundações.

Abordagens integradas de riscos múltiplos

Embora a sensibilização para os perigos naturais e os riscos associados esteja a aumentar constantemente e o ordenamento do território esteja a integrar cada vez mais a gestão dos perigos e dos riscos, o âmbito da maioria destas actividades é limitado, uma vez que se centra em perigos únicos selecionados. Uma abordagem integrada de múltiplos perigos é ainda rara. Entre os sistemas de planeamento dos oito países europeus analisados por Fleischhauer et al. (2006), apenas a França tem em conta todos os perigos naturais (e tecnológicos) espacialmente relevantes no sistema de planeamento. Outros países consideram apenas os riscos mais proeminentes, alguns propõem que todos os riscos sejam tidos em conta numa fase posterior (por exemplo, o Gabinete Federal de Desenvolvimento Espacial 2006). Outras políticas sobre riscos naturais excluem deliberadamente certos riscos (Shoalhaven City Council 1990), o que é também o caso de algumas recomendações à escala europeia (por exemplo, Lilljequist & Ligtenberg 2005). A razão para excluir determinados perigos das recomendações políticas e das diretrizes de planeamento não é conhecida. Em alguns casos, pode ser que as autoridades tenham sido de alguma forma forçadas a responder rapidamente a uma catástrofe recente, por exemplo, inundações, mas o foco não foi alargado. Outras razões podem incluir a falta de tempo e de informação adequada para cobrir todos os riscos potenciais. Em parte, podem também existir razões políticas para excluir determinados riscos. Um debate público pode revelar como os riscos foram assumidos deliberadamente, por exemplo, continuando a permitir o desenvolvimento de habitações em zonas potencialmente propensas a inundações.

Na maioria dos exemplos de perigos e riscos integrados no ordenamento do território que foram analisados neste estudo, apenas os perigos naturais mais óbvios foram, até agora, tidos em conta no planeamento. Muitos outros perigos, alguns dos quais podem causar um número ainda maior de vítimas e perdas financeiras do que os considerados, ainda não foram incorporados (ver também Wanczura 2006). A concentração apenas nos riscos naturais mais proeminentes, ou no acontecimento mais recente, pode ser perigosa, uma vez que muitas ameaças potenciais ao desenvolvimento do território não são avaliadas. Por conseguinte, deve ser de grande importância analisar todos os potenciais riscos naturais que podem afetar uma área ao elaborar orientações de ordenamento do território. Um exemplo de uma abordagem integrada de riscos múltiplos foi desenvolvido por Anderson et al. (2003) para o Massachusetts. Neste caso, a atenuação dos riscos naturais através do planeamento inclui uma lista de verificação exaustiva dos riscos que ocorrem em Massachusetts, deixando espaço extra para acrescentar outros riscos.

Uma abordagem integrada para definir todos os perigos que são espacialmente relevantes é uma tarefa difícil. O Conselho Consultivo Alemão sobre Alterações Globais desenvolveu um exemplo para uma análise de risco global (WBGU 1998). Este relatório tenta integrar todos os tipos de riscos ambientais globais, enquanto que os perigos naturais são representados apenas por alguns exemplos. O projeto de riscos ESPON 1.3.1 utilizou os esquemas de risco desenvolvidos pelo WBGU para identificar todos os riscos naturais que dizem respeito ao ordenamento do território. Onze perigos naturais (e quatro perigos tecnológicos) foram especificados como espacialmente relevantes (Fleischhauer 2006). Todos os perigos foram cartografados individualmente à escala europeia. Foram também combinados em mapas de perigos agregados e, subsequentemente, com padrões de vulnerabilidade. Este trabalho representa a primeira abordagem integrada da análise de perigos e riscos que afectam potencialmente o desenvolvimento territorial europeu (Documento II, ver também o resumo abaixo e o quadro 1). É certo que a abordagem deve ser mais desenvolvida e aplicada a diferentes escalas, uma vez que a visão geral da totalidade dos perigos potenciais permite uma análise bastante objetiva dos seus efeitos potenciais no desenvolvimento espacial. Uma vez estudada toda a gama de riscos, a atenção pode ser colocada nas ameaças mais iminentes. No entanto, é importante que a seleção dos perigos seja feita de forma abrangente e integrada.

Entre os exemplos de riscos naturais que já estão a surgir com as alterações climáticas contam-se as tempestades, as temperaturas extremas e as secas. O nível do mar está a subir, não só de acordo com os cenários de alterações climáticas, mas também de acordo com as medições, e a subida do nível do mar tem uma influência direta na alteração dos limites das zonas costeiras propensas a inundações (por exemplo, Church et al. 2001, Klein & Staudt 2006, Meier et al 2006, Documentos V & VI, Staudt et al. 2006). Isto pode levar a problemas ambientais, como a contaminação dos solos e a intrusão de água do mar nos aquíferos subterrâneos (por exemplo, Documento VI, Staudt et al. 2006). No caso das secas, a maioria dos cenários de alterações climáticas propõe um aumento dos períodos de seca, e a vaga de calor de 2003 em grande parte da Europa pode ser atribuída às alterações climáticas (Barring & Persson 2006, Rahmstorf & Schellnhuber 2006).

O debate sobre os potenciais impactos das alterações climáticas aumentou recentemente, o que resultou na consideração das alterações climáticas no processo de tomada de decisões políticas e no ordenamento do território (Campbell 2006). Exemplos ao nível da UE incluem a Conferência Europeia de Ministros Responsáveis pelo Planeamento Regional (CEMAT), que afirma claramente que entre os numerosos processos que estão a pôr em causa a sustentabilidade do desenvolvimento futuro na Europa estão os efeitos das alterações climáticas (CEMAT 2003). Também o Sistema Europeu de Observação do Desenvolvimento Espacial (ESPON) sublinhou que os efeitos das alterações climáticas desempenham um papel vital no desenvolvimento regional europeu (ESPON 2002). Estão a ser desenvolvidas e aplicadas várias estratégias sobre as alterações climáticas a nível dos governos nacionais europeus, como é o caso da Finlândia (Honkatukia 2001), Alemanha (Hohne 2005), Letónia (Departamento de Proteção do Ambiente 2006), Lituânia (Konstantinaviciute 2003) e Países Baixos (Vries 2006). A maioria destas estratégias centra-se na atenuação das alterações climáticas (por exemplo, emissão de gases com efeito de estufa) e raramente incorpora os impactos dos riscos naturais associados.

Há alguns bons exemplos recentes de identificação dos efeitos das alterações climáticas e de discussão de estratégias de adaptação. O Reino Unido está a envidar esforços para adquirir melhores conhecimentos sobre os impactos das alterações climáticas, principalmente através do apoio à investigação e da instalação de grupos de peritos. O objetivo é estabelecer a base científica para futuras decisões (Reino Unido 2006). Um documento alemão também discute os impactes das alterações climáticas e centra-se nas estratégias de adaptação, afirmando que será criado um grupo de trabalho especial sobre esta matéria no âmbito da Agência Federal do Ambiente (Weiβ et al. 2005). Uma das abordagens mais abrangentes em matéria de adaptação às alterações climáticas encontra-se provavelmente na Finlândia. Com base numa decisão do Parlamento finlandês de 2001, o Ministério da Agricultura e das Florestas desenvolveu uma estratégia nacional de adaptação às alterações climáticas (Marttila et al. 2005). Esta estratégia analisa o impacto potencial das alterações climáticas em vários sectores e as suas sensibilidades e recomenda actividades de investigação. O projeto FINADAPT, lançado simultaneamente, desenvolveu cenários de alterações climáticas e discutiu os respectivos impactos. Este trabalho foi documentado em quinze relatórios sectoriais, muitos dos quais contêm recomendações diretas sobre estratégias de adaptação (FINADAPT 2006). Um destes relatórios centra-se especificamente no planeamento urbano e conclui, entre outras coisas, que os padrões de vulnerabilidade são a chave para compreender os potenciais impactos das alterações climáticas. Recomenda que se tenha em conta a dimensão espacial dos impactos das alterações climáticas e que, no contexto do desenvolvimento regional, sejam desenvolvidas abordagens baseadas no risco para o planeamento espacial. O desenvolvimento de métodos de planeamento baseados no risco deve incluir vários actores e partes interessadas, também do público, melhorar a cooperação setorial e incorporar critérios de alterações climáticas nos processos de avaliação do impacto ambiental e de avaliação ambiental estratégica (Peltonen et al. 2005).

Os aspectos problemáticos que são frequentemente referidos quando se trata de integrar as alterações climáticas no planeamento são a incerteza e o longo período de tempo dos modelos, bem como o problema de reduzir a escala dos modelos de alterações climáticas para uma utilização adequada a nível local (Documento III, Halsnæs 2006). Apesar destas preocupações, vários planeadores envolvidos nos projectos que constituem a base deste estudo expressaram o seu grande interesse em integrar as alterações climáticas nas suas práticas de planeamento, especialmente em relação à futura utilização dos solos. Isto porque o aspeto da sustentabilidade foi considerado mais importante do que o facto de a tomada de decisões políticas ser frequentemente feita com base em interesses a curto prazo (por exemplo, Virkki et al. 2006). Embora o planeamento possa fazer muito pouco no que respeita à atenuação das alterações climáticas, o seu papel na adaptação às alterações climáticas pode ser substancial (por exemplo, Vries 2006).

Muitos países que estão a discutir estratégias nacionais para as alterações climáticas concentram-se apenas nos perigos mais proeminentes, e muitos perigos menos frequentes ou emergentes recentemente (por exemplo, temperaturas extremas) raramente são mencionados. No entanto, há alguns países que estão claramente a pedir uma análise de todos os riscos potenciais (por exemplo, Anderson 2003, Fleischhauer 2006b). As abordagens integradas dos riscos múltiplos e das alterações climáticas ainda são raras. O planeamento e os impactos das alterações climáticas centram-se principalmente nas inundações fluviais e marítimas. Outros riscos naturais podem eventualmente ser mencionados, mas não são incorporados nas avaliações locais e regionais (por exemplo, Vries 2006, Bulkeley 2006, Gabinete Federal para o Desenvolvimento Espacial 2006).

As alterações climáticas podem ter impacto em todos os chamados riscos hidrometeorológicos e também em alguns riscos geológicos. Os riscos naturais são frequentemente distinguidos entre riscos geológicos e riscos hidrometeorológicos, mas não existem definições exactas, uma vez que os riscos naturais são divididos em diferentes grupos e definidos de forma diferente em vários documentos científicos, de planeamento e de política (por exemplo, Lilljequist, R. & H. Ligtenberg 2005, Anderson 2003, Federal Office for Spatial Development 2006, McBean & Henstra 2003, Masure 2001). Este estudo utiliza a definição de perigo que foi desenvolvida durante dois projectos de investigação da UE, e é discutida no capítulo sobre terminologia abaixo.

Perguntas

Uma análise de várias abordagens observadas nas recomendações políticas e nas orientações de planeamento implementadas mostrou que os riscos naturais estão cada vez mais integrados nas práticas de planeamento, mas que tanto a terminologia utilizada como o número de riscos considerados variam muito, tanto no continente europeu como a nível internacional. Por conseguinte, há ainda muitas perguntas a que é necessário dar resposta neste domínio.

Este estudo centra-se no seguinte conjunto de questões: Quais são os principais desafios e oportunidades das orientações de planeamento para apoiar os planeadores na abordagem de todos os riscos naturais que potencialmente ameaçam uma área? Como podem os potenciais impactes das alterações climáticas ser integrados nessas abordagens? Quais são as formas mais adequadas de analisar e apresentar perigos e riscos naturais espacialmente relevantes e quais são os processos de comunicação adequados para as partes interessadas?

Objetivo do estudo

O objetivo do presente estudo é retirar conclusões do conjunto de artigos científicos publicados (Documentos I-VI) e desenvolver novas abordagens sobre a forma de identificar, analisar, apresentar e comunicar os riscos naturais às partes interessadas e apoiar o ordenamento do território e o desenvolvimento regional sustentável. É dada especial atenção à integração dos potenciais efeitos das alterações climáticas nos riscos naturais. O estudo foi desenvolvido numa perspetiva europeia, com base em várias experiências de estudo de casos de países europeus, mas o enfoque é internacional. Os projectos que constituem a base deste estudo receberam reacções e respostas positivas a nível europeu e internacional, principalmente do Leste e Sudeste Asiático, onde os riscos naturais têm um grande impacto no ordenamento do território.

As partes interessadas são aqui definidas como todas as pessoas envolvidas, interessadas e afectadas pelo ordenamento do território. Para além dos próprios planeadores do território, estas incluem outras autoridades, decisores e proprietários de terras, bem como o público interessado e preocupado. Esta definição respeita o apelo a abordagens integradas de avaliação de perigos e riscos (por exemplo, PNUD 2004). O ordenamento do território é um termo genérico que se refere a vários tipos de práticas de planeamento que influenciam ou visam influenciar os padrões espaciais, ou seja, a localização e a vitalidade de diferentes actividades, e é definido numa perspetiva europeia: "O ordenamento do território refere-se aos métodos utilizados em grande medida pelo sector público para influenciar a futura distribuição das actividades no espaço. É realizado com o objetivo de criar uma organização territorial mais racional dos usos do solo e das ligações entre eles, de equilibrar as exigências de desenvolvimento com a necessidade de proteger o ambiente e de atingir objectivos sociais e económicos. O ordenamento do território engloba medidas destinadas a coordenar os impactos espaciais de outras políticas sectoriais, a conseguir uma distribuição mais equilibrada do desenvolvimento económico entre as regiões do que a que seria criada pelas forças do mercado e a regular a conversão dos usos do solo e da propriedade." (Comissão Europeia 1997, p.24). Os profissionais e investigadores europeus do planeamento utilizam frequentemente esta definição, tanto a nível local como internacional. Ajuda a discutir questões de planeamento sem ter de especificar sempre o nível de planeamento ou a escala espacial (por exemplo, Bohme 2002). Uma vez que este estudo se centra na comunicação e integração dos perigos, riscos e alterações climáticas no planeamento, ultrapassaria o âmbito deste estudo abordar separadamente todos os níveis de planeamento específicos. Em vez disso, o estudo aborda as práticas de planeamento relacionadas com os perigos e as alterações climáticas em geral. Se as conclusões deste estudo tiverem de ser aplicadas num país ou região, as respectivas autoridades de planeamento devem decidir a que nível de planeamento podem ser integradas. Os termos perigo, vulnerabilidade e risco são discutidos e definidos em pormenor no capítulo de discussão.

Material e métodos

Este estudo baseia-se em resultados de investigação obtidos em vários projectos de investigação da UE realizados ao abrigo de diferentes plataformas de financiamento. A maior parte dos resultados destes projectos foram revistos por pares e publicados em revistas científicas internacionais; alguns resultados estão ainda a ser revistos ou a ser desenvolvidos em projectos de acompanhamento. Os dois projectos mais importantes que produziram resultados utilizados no presente estudo são o projeto temático 1.3.1 da Rede Europeia de Observação do Ordenamento do Território (ESPON) sobre riscos naturais e tecnológicos (adiante designado por projeto ESPON Hazards). E, em segundo lugar, o projeto "Sea level change affecting the spatial development in the Baltic Sea Region" (SEAREG) realizado no âmbito do programa INTERREG IIIB da região do Mar Báltico. Ambos os projectos foram concluídos entre 2002 e 2005.

Os dados utilizados para produzir os mapas e as análises estatísticas utilizados nas publicações foram, na sua maioria, gratuitos, uma vez que os projectos não tinham atribuído fundos para a aquisição de dados.

Os dados do projeto ESPON Hazards foram recolhidos de várias fontes internacionais, com acordos que permitiram a sua livre utilização. As fontes de dados estão indicadas nos respectivos mapas (Documento II). Os dados foram introduzidos em sistemas de informação geográfica (principalmente ArcGIS) para cálculos estatísticos, análises espaciais e desenvolvimento de tipologias. Os mapas agregados de perigos e riscos baseiam-se em questionários preenchidos por peritos europeus que ponderaram a importância espacial de um perigo numa perspetiva europeia de desenvolvimento espacial (Documento II, Olfert et al. 2006).

Os dados do cenário de alterações climáticas utilizados no projeto SEAREG foram reduzidos a partir dos cenários do IPCC e as alterações do nível do mar resultantes foram calculadas pela equipa do projeto (Meier et al. 2006). As topografias dos estudos de caso foram obtidas através da compra de dados (Estocolmo), da permissão de utilização gratuita de dados (Parnu) e da digitalização de

mapas topográficos durante o projeto (Gdansk). Os dados relativos às tempestades foram fornecidos por peritos locais. Normalmente, foram utilizadas alturas médias de tempestade para obter cenários moderados e evitar casos extremos. Em todos os casos, o SIG foi utilizado para calcular as distribuições espaciais e traçar os mapas de cenários resultantes. As avaliações de vulnerabilidade foram desenvolvidas durante o projeto (Documento IV) e aplicadas durante entrevistas e avaliações com peritos locais (Documentos V e VI).

Os resultados da investigação do projeto de acompanhamento do SEAREG "Desenvolvimento de políticas e estratégias de adaptação às alterações climáticas na região do Mar Báltico" (ASTRA), bem como do projeto "Mapeamento aplicado de riscos múltiplos de perigos naturais para avaliação do impacto" (ARMONIA) do Sexto Programa-Quadro da UE são também utilizados neste estudo. Os resultados da investigação de outras actividades de investigação da UE e internacionais são revistos, interpretados e citados em conformidade. São analisados exemplos de boas práticas, a fim de identificar as possibilidades de desenvolvimento e aplicação noutras regiões.

Todas as abordagens discutidas neste estudo foram desenvolvidas em estreita cooperação com planeadores e outras partes interessadas, a fim de garantir a aplicabilidade deste trabalho de investigação às práticas de ordenamento do território. Os resultados demonstrarão como os perigos naturais, os impactos das alterações climáticas e os padrões de vulnerabilidade são atualmente utilizados nas práticas de ordenamento do território e como esta utilização pode ser alargada e/ou melhorada.

Resultados

A secção seguinte resume os resultados dos artigos científicos utilizados para este estudo. Os artigos são analisados e discutidos mais pormenorizadamente neste estudo, com referência a outros resultados de investigação ou artigos.

A primeira parte resume dois documentos sobre o desenvolvimento de mapas de perigos e riscos à escala pan-europeia, a uma escala que apoie o desenvolvimento de políticas de coesão e de desenvolvimento regional e de estruturas de financiamento adequadas.

A segunda parte resume quatro artigos sobre o desenvolvimento de um quadro de apoio à decisão que apoia os planeadores, os decisores e outras partes interessadas no desenvolvimento de estratégias de adaptação às alterações climáticas e de atenuação do seu impacto.

Part 1 Mapas europeus de perigos e riscos

Artigo I

Este documento contém os resultados iniciais dos mapas de risco publicados no âmbito do projeto ESPON Hazards, que descreve o desenvolvimento de mapas de risco derivados de mapas de inundações e sismos de regiões europeias. Uma vez que existem muitas definições diferentes de risco (ver discussão abaixo), o projeto ESPON Hazards escolheu uma das definições de risco mais amplamente utilizadas: o risco é uma função do perigo (probabilidade) e da vulnerabilidade (extensão dos danos). Uma vez que havia muito poucos dados disponíveis sobre estas funções de risco durante a fase inicial do projeto e a metodologia estava ainda em desenvolvimento, foram escolhidas variáveis de vulnerabilidade bastante gerais, a *densidade populacional* e *o PIB per capita*. Uma vez que o objetivo do projeto era abranger toda a Europa e definir o risco numa perspetiva europeia, a vulnerabilidade foi definida como sendo mais elevada em zonas com uma elevada densidade populacional e um elevado PIB per capita. Consequentemente, a vulnerabilidade diminui com uma menor densidade populacional e um menor PIB per capita. O pressuposto é que o risco para o desenvolvimento na UE é maior se uma região rica e densamente povoada for atingida por um perigo do que no caso de uma região menos povoada e menos rica. Se, por exemplo, Londres ou Paris fossem afectadas por uma catástrofe natural, as consequências para todo o continente europeu seriam provavelmente maiores e mais duradouras do que no caso de uma catástrofe que afectasse uma zona rural remota. Esta definição de vulnerabilidade e risco não tem em conta o impacto regional, que pode ser devastador em qualquer caso, mas esboça um padrão de risco em todo o espaço europeu.

Uma vez que o risco é uma função do perigo e da vulnerabilidade, foi decidido utilizar uma legenda complexa que permite a diferenciação do risco de acordo com o respetivo perigo e o fator de vulnerabilidade. O mapa apresenta nove classes de risco e cores, mas as tonalidades das cores permitem distinguir entre vinte e cinco classes, consoante a influência do perigo e/ou da vulnerabilidade, respetivamente.

Os mapas podem ser utilizados, por exemplo, para debater o financiamento e o apoio ao desenvolvimento, uma vez que as zonas atualmente de baixo risco podem aumentar o risco se o PIB e a densidade populacional aumentarem. Os dados interessantes por detrás destes padrões são as classes de perigo e vulnerabilidade, porque algumas regiões podem apresentar um risco elevado devido a um potencial de perigo elevado, enquanto outras regiões apresentam um risco elevado devido a uma vulnerabilidade elevada. A análise e o debate poderiam, assim, centrar-se, por exemplo, na necessidade de desenvolver mais as zonas que já apresentam um risco elevado devido a um perigo elevado. Por outras palavras, pode considerar-se a possibilidade de concentrar o desenvolvimento económico em zonas com um baixo potencial de risco. Também é possível ligar os programas de desenvolvimento às medidas correspondentes e adequadas de atenuação dos riscos ou, ainda mais adequado, à adaptação.

Uma vez que o projeto ESPON Hazards foi alvo de críticas substanciais por basear o risco em apenas duas funções, os mapas foram rebatizados como mapas de risco económico e foram desenvolvidos outros mapas de risco integrados. Estes são descritos no documento II sobre mapas de riscos naturais e tecnológicos da Europa.

Trabalho II

Este documento apresenta os resultados finais do projeto ESPON Hazards sobre a cartografia dos perigos e riscos naturais e tecnológicos que afectam o desenvolvimento espacial à escala europeia. O objetivo do mapeamento foi identificar todos os perigos e riscos espacialmente relevantes (Schmidt-Thomé 2005, Fleischhauer 2006) e apresentar os que abrangem todo o espaço ESPON (25 países membros da UE, os países candidatos à adesão Bulgária e Roménia, bem como os países associados Noruega e Suíça). Decidiu-se utilizar apenas os conjuntos de dados disponíveis para todo o território, a fim de manter a comparabilidade com os resultados de outros projectos ESPON. Todos os resultados do projeto ESPON foram comunicados a uma escala regional, o nível 3rd da Nomenclatura das Unidades Territoriais Estatísticas (NUTS 3). Uma vez que os riscos naturais não respeitam as fronteiras políticas, esta abordagem não delimita a extensão exacta dos riscos naturais, mas apresenta a totalidade das regiões afectadas. Mostra, assim, as áreas que podem ser apenas marginalmente afectadas pelos riscos e as respectivas responsabilidades políticas e de planeamento regionais. É preciso ter em conta que esta abordagem tanto exagera como minimiza a extensão territorial real dos perigos, uma vez que se concentra numa visão geral da extensão dos perigos numa perspetiva europeia (regionalizada).

O documento descreve a abordagem de cartografia para cada perigo natural e tecnológico espacialmente relevante num único mapa e as análises da extensão de cada perigo na Europa. É utilizada uma divisão em cinco classes de perigos, de muito baixo a muito alto, para permitir uma posterior agregação dos perigos. Uma vez que nem todos os perigos afectam o território europeu da mesma forma, foi necessário ponderar os perigos antes de poderem ser agregados. Para este efeito, foi aplicado um sistema de ponderação com recurso a vários peritos em perigos e planeamento para identificar a importância de cada perigo na perspetiva do desenvolvimento espacial europeu (ver também Olfert et al. 2006). Os perigos ponderados foram depois agregados em cinco classes e apresentados de acordo com os respectivos percentis ao nível NUTS 3. O mapa agregado de perigos naturais (Schmidt-Thomé 2005) mostra que a classe mais elevada

A densidade de classes de risco natural elevado está localizada em zonas com maior densidade populacional e elevado PIB per capita: Na Europa Central, na costa mediterrânica francesa, em partes da Península Ibérica e em partes da Europa Oriental. Existem apenas algumas zonas com riscos naturais baixos ou muito baixos. Estas encontram-se em grandes partes do Norte da Europa, bem como em partes de França e Espanha. O documento apresenta um mapa agregado de riscos naturais e tecnológicos, mostrando um padrão semelhante ao do mapa agregado de riscos naturais. A semelhança baseia-se, em parte, no facto de os perigos tecnológicos serem representados apenas por quatro exemplos. Além disso, a principal alteração no padrão agregado dos riscos naturais e tecnológicos é o facto de a Europa Ocidental se caraterizar por um maior número de zonas de risco muito elevado e elevado, ao passo que estas classes de risco mais elevado diminuem na Europa Oriental e Meridional.

A perspetiva de vulnerabilidade que foi utilizada para o mapa de risco agregado foi desenvolvida a partir da descrita acima (Documento I), numa chamada vulnerabilidade integrada que tem em conta mais factos do que o PIB per capita e a densidade populacional. Kumpulainen (2006) discute vários conceitos internacionais de vulnerabilidade relevantes para o desenvolvimento espacial e os riscos. O mapa de vulnerabilidade integrado proposto à escala europeia não pôde ser desenvolvido devido à falta de dados suficientes e comparáveis. Em vez disso, foi utilizada uma abordagem mais preliminar, em que a vulnerabilidade integrada é representada por quatro variáveis em cinco classes. (Kumpulainen 2006).

Os dados agregados de perigo foram então combinados com a vulnerabilidade integrada para produzir o mapa de risco agregado. Este mapa de risco apresenta um padrão semelhante ao do mapa agregado de perigos: As zonas de maior risco na Europa concentram-se na zona de maior PIB per capita e densidade populacional, o chamado "Pentágono" da Europa.

A aplicação dos conceitos dos mapas de perigos e riscos com perspectivas de desenvolvimento político e regional depende da exatidão necessária. Uma vez que os mapas se baseiam numa perspetiva regionalizada do território europeu, apresentam uma visão integrada da distribuição dos perigos e riscos. Um dos principais objectivos da UE é apoiar um desenvolvimento equilibrado e sustentável, com vista a eliminar as diferenças económicas e sociais substanciais entre as regiões europeias (artigo 2.º do Tratado UE de 2002). Dado que os instrumentos de política regional da UE incentivam o investimento, uma informação correta sobre os perigos e riscos ajuda a evitar o desperdício de fundos europeus. Os mapas apresentados identificam os principais padrões de perigos que afectam o continente, a fim de ajudar a definir que tipo de afetação de fundos pode ser adequado em cada região. Tarvainen et al. (2006) identificaram aglomerações de perigos e grupos de densidades de perigos para o desenvolvimento de tipologias de perigos regionais. Estas podem ainda ser sobrepostas, por exemplo, com as áreas do programa do Fundo Europeu de Desenvolvimento Regional (FEDER), as chamadas regiões INTERREG. Schmidt-Thomé et al. (2006) aplicaram esta informação a mapas de perigos individuais num relatório que apoia futuras estruturas de fundos de desenvolvimento regional. Este relatório contém uma base de dados sobre projectos relacionados com riscos de todas as regiões e vertentes do programa INTERREG. Estes dados são combinados com os mapas de risco para ajudar a identificar as áreas que apresentam padrões de risco específicos e as áreas que ainda não implementaram os respectivos projectos relacionados com o risco.

O mapa de perigos agregado destina-se principalmente a fornecer uma visão geral, uma vez que a agregação foi efectuada através de um processo de ponderação e está, portanto, fortemente dependente da opinião de peritos. Diferentes abordagens de ponderação podem conduzir a resultados diferentes. No entanto, a abordagem é valiosa, uma vez que representa a primeira abordagem sobre como agregar perigos à escala continental e fornece uma indicação sobre as vantagens e desvantagens do método escolhido.

O mapa de risco agregado dá uma panorâmica interessante do padrão de risco na Europa, mas não está isento de problemas. É um grande desafio identificar uma definição de vulnerabilidade que seja amplamente aceite. Além disso, a base científica para o desenvolvimento de mapas de risco ainda está a evoluir e ainda não é consensual (por exemplo, Cutter 1996, Schmidt-Thomé et al. 2006a). Tal como acontece com a ponderação do mapa agregado de perigos, é difícil

avaliar o risco numa perspetiva europeia, porque a maioria dos peritos tende a tomar como base para a sua avaliação determinadas regiões, pessoalmente bem conhecidas. Estes desafios tornam problemática a utilização do mapa de risco para recomendações políticas ou afetação de fundos.

No início do projeto ESPON Hazards, a abordagem consistia em desenvolver mapas de risco para todos os perigos individuais, mas as dificuldades encontradas com a definição de vulnerabilidade e o baixo potencial de aplicação dos mapas de risco resultantes levaram à conclusão de que não se continuaria a desenvolvê-los (ver também a discussão abaixo).

Em conclusão, o desenvolvimento dos mapas de perigos individuais, o processo de agregação e o desenvolvimento dos mapas de risco são um contributo importante para o debate sobre perigos e riscos à escala europeia. Esta foi a primeira abordagem a ter em conta todos os perigos espacialmente relevantes numa área tão vasta. Em particular, os mapas de perigos individuais receberam um feedback substancial, uma vez que os resultados apresentaram padrões interessantes que não tinham sido observados anteriormente à escala regional. Um dos aspectos mais importantes da apresentação dos perigos a esta escala é mostrar quais as regiões afectadas pelos perigos e, assim, identificar as responsabilidades políticas e de planeamento relevantes. Os mapas foram frequentemente criticados por mostrarem regiões propensas a perigos, embora apenas uma parte delas seja realmente afetada. Esta falha é compensada pelo seu valor na identificação da autoridade política e de planeamento responsável.

Part 2 Desenvolvimento de um quadro de apoio à decisão sobre os efeitos das alterações climáticas

Documento III

Para comunicar eficazmente os potenciais impactes das alterações climáticas no ambiente em que se vive, é necessário compreender os vários processos de modelação das alterações climáticas e de interpretação de cenários, bem como os papéis das partes interessadas relevantes e o tipo de informação de que necessitam. Este processo de comunicação é apoiado por um conjunto de ferramentas desenvolvidas no âmbito do projeto INTERREG IIIB SEAREG, denominado Quadro de Apoio à Decisão (QAD). O termo "quadro" foi escolhido em vez de "sistema", uma vez que os sistemas são frequentemente considerados como processos computorizados. Neste caso, foi necessário sublinhar que, embora a modelação informática e o processamento de dados possam desempenhar um papel vital na tomada de decisões, a parte comunicativa é ainda mais importante. O "quadro" representa, portanto, uma abordagem integrada para as discussões e a comunicação. O presente documento descreve o QSD, a investigação subjacente e o processo de implementação, que foi realizado em estreita cooperação com os planeadores e outras partes interessadas nas áreas de estudo de caso.

O QSD é composto por quatro pilares principais, cada um dos quais deve ser discutido exaustivamente em qualquer avaliação de impacto das alterações climáticas. Em conjunto, estes pilares formam o quadro para um diálogo entre a ciência e as partes interessadas, que deve ser entendido como um processo de aprendizagem permanente. O primeiro pilar, "Modelação e SIG", contém os modelos de alterações climáticas e as ferramentas de cartografia que mostram os efeitos territoriais das alterações climáticas. Sem dúvida, os mapas são a ferramenta mais poderosa para comunicar os efeitos territoriais dos riscos, por exemplo, as inundações. Os impactes das alterações climáticas baseiam-se em pressupostos e cenários de desenvolvimento futuro. Por conseguinte, estes tipos de mapas têm de ser tratados com um cuidado excecional devido à incerteza dos modelos de alterações climáticas. Uma vez que a subida do nível do mar e as subsequentes alterações nas zonas propensas a inundações podem afetar, por exemplo, zonas de povoamento existentes ou planeadas, a informação contida nestes mapas pode ser extremamente sensível.

O ponto de partida para este trabalho foi o desenvolvimento de três cenários de subida do nível do mar e de tempestades para cada área de estudo de caso: Um cenário de baixa altitude, um cenário médio e um cenário de alta altitude. Os cenários de subida do nível do mar foram reduzidos para a região do Mar Báltico a partir de dados utilizados pelo Painel Intergovernamental sobre Alterações Climáticas (IPCC), (Meier et al. 2006). Os dados relativos às inundações foram retirados das estatísticas de inundações locais e regionais, utilizando apenas as alturas médias das inundações, a fim de desenvolver cenários moderados e conservadores. Ao desenvolver três cenários diferentes, é possível incluir a incerteza na modelação das alterações climáticas na discussão dos resultados com os planeadores. O cenário baixo mostra que, num período de 100 anos, o nível do mar não se manterá na sua localização atual, ou seja, subirá um pouco. O cenário médio do conjunto utiliza uma subida maior do nível do mar e o cenário elevado mostra o aumento máximo provável, de acordo com os resultados actuais da investigação sobre as alterações climáticas. Foi esclarecido que a média do conjunto não apresenta o cenário mais provável, é apenas um passo entre o cenário elevado e o cenário baixo.

O segundo pilar, a "Avaliação da Vulnerabilidade", apoia a compreensão das vulnerabilidades locais ou regionais. Embora os planeadores e as partes interessadas conheçam normalmente muito bem a sua área, esta ferramenta apoia a avaliação racional da vulnerabilidade que conduz a uma visão geral num território definido. O desenvolvimento da avaliação da vulnerabilidade é descrito em mais pormenor no resumo do próximo Documento IV abaixo.

O terceiro pilar é a "Plataforma de Discussão", que é provavelmente a caraterística mais importante do processo de comunicação. A plataforma de discussão foi concebida para conduzir a um entendimento comum dos processos envolvidos, por exemplo, a modelação das alterações climáticas, a tomada de decisões, o desenvolvimento de planos de utilização dos solos, etc. Vários peritos em comunicação e disciplinas relacionadas supervisionam os debates. São realizados em diferentes rondas, nas quais as pessoas envolvidas devem explicar e aprender mais sobre as suas próprias perspectivas, bem como sobre as das outras partes envolvidas (Lehtonen & Peltonen 2006). Estas discussões provaram ser muito úteis para ajudar os planeadores a compreender o que é a modelação das alterações climáticas e como funciona, incluindo os pontos fortes e as limitações dos modelos. Para os cientistas naturais envolvidos, foi interessante aprender que tipo de informação as partes interessadas exigem e como essa informação deve ser apresentada.

O último pilar do QSD, a "Base de Conhecimentos", contém toda a informação sobre o tema que está livremente disponível. A base de conhecimentos contém, por exemplo, resumos sobre a modelação climática e a elaboração de mapas, o planeamento e a tomada de decisões. Mais importante ainda, contém informação detalhada sobre todas as áreas de estudo de caso. Documenta os processos de tomada de decisão, os seus obstáculos e procedimentos. Esta informação é importante para o intercâmbio transfronteiriço de informação e pode levar à aprendizagem mútua através da aplicação de exemplos de boas práticas.

O documento III resume mais adiante o desenvolvimento e a aplicação do QSD em cada um dos domínios de estudo de caso e os principais resultados. Alguns destes exemplos são descritos em mais pormenor nos resumos dos documentos abaixo e outras aplicações são analisadas no capítulo de discussão.

Artigo IV

Tem havido uma extensa investigação científica sobre a questão da vulnerabilidade em relação às alterações climáticas e à subida do nível do mar, centrada na aplicação prática (por exemplo, Klein & Nicholls 1998, Nicholls 1998, Mimura & Harasawa 2000). Uma vez que o projeto SEAREG se centrou no desenvolvimento regional, a avaliação da vulnerabilidade foi desenvolvida em estreita cooperação com as partes interessadas das áreas de estudo de caso, mantendo a estrutura de avaliação flexível para facilitar as modificações locais e regionais. Por exemplo, devido à estrutura geológica da região do Mar Báltico, prevê-se que os impactos da subida do nível do mar sejam altamente variáveis, tendo um efeito mais forte nas costas meridionais. Só desenvolvendo a avaliação da vulnerabilidade num processo aberto é possível obter a compreensão e o apoio das partes interessadas.

A abordagem adoptada no desenvolvimento da avaliação da vulnerabilidade foi a de se concentrar nas caraterísticas "duras e suaves", ou seja, nos impactos físicos e na capacidade de resposta, respetivamente. Não existe uma ordem cronológica preferencial a seguir. A avaliação pode ser efectuada de forma progressiva, variando de simples panorâmicas a avaliações pormenorizadas. A avaliação da vulnerabilidade deve ser dinâmica, de modo a incorporar novos dados ou cálculos de modelos à medida que estes ficam disponíveis.

O núcleo da avaliação é constituído pelos quadros de rastreio e de avaliação do impacto, este último modificado segundo Nicholls (1998). Os tipos de utilização dos solos, as infra-estruturas e os sectores económicos são analisados em tabelas, de acordo com os efeitos que as alterações do nível do mar e das zonas propensas a inundações podem ter sobre eles. Esta abordagem setorial conduz a uma melhor compreensão dos potenciais impactos das alterações climáticas numa região. Foi feita uma distinção entre as zonas que ficarão permanentemente submersas devido à subida do nível do mar e as que serão afectadas por inundações durante as tempestades. O principal obstáculo foi o longo período de tempo dos cenários (100 anos), uma vez que muitas decisões das partes interessadas são tomadas a curto prazo. Por outro lado, muitos planeadores afirmaram que uma perspetiva de 100 anos era muito adequada, uma vez que o fator da sustentabilidade dos investimentos era muito importante, por exemplo, na conceção e construção de novas infra-estruturas.

Em geral, a avaliação da vulnerabilidade e a forma como foi aplicada, bem como a diferenciação entre factores duros e suaves e os diferentes impactos da subida do nível do mar foram bem recebidos pelas partes interessadas. O principal benefício para as partes interessadas foi a informação adicional que uma abordagem baseada numa matriz deste tipo forneceu sobre a estrutura de uma região, uma vez que a informação estrutural desempenha um papel importante na discussão das estratégias de atenuação e adaptação.

Artigo V

A primeira vez que o projeto SEAREG foi diretamente convidado a contribuir para uma publicação científica foi depois de ter sido convidado para um discurso principal num workshop da UE intitulado "Towards an Integrated Management of Soil and Water Resources: Fate and Behaviour of Pollutants" em junho de 2004 em Bona, Alemanha. Embora o projeto SEAREG não tenha incidido diretamente na contaminação do solo, os responsáveis pelo planeamento e as partes interessadas em várias áreas de estudo de casos mencionaram-na, mais explicitamente em Gdansk e Parnu. A principal preocupação era o comportamento dos poluentes na água salgada ou salobra em resultado da inundação temporária ou permanente dos sítios contaminados. O projeto SEAREG não atribuiu quaisquer fundos para a investigação sobre a contaminação do solo. Além disso, os parceiros do projeto na Polónia e na Estónia encontravam-se na infeliz situação de não receberem qualquer cofinanciamento para as suas actividades de projeto. Consequentemente, as avaliações da contaminação do solo permaneceram numa base teórica durante a aplicação do QSD, ou seja, foram avaliadas exemplarmente com base em poucos conjuntos de dados de resultados de amostragens de solo anteriores. Na altura desta publicação, os possíveis efeitos da subida do nível do mar ainda estavam a ser discutidos com peritos e partes interessadas locais e os dados temáticos locais ainda não estavam disponíveis. Durante o desenvolvimento posterior do projeto, o Instituto Geológico Polaco (IGP) e a Câmara Municipal de Parnu puderam fornecer alguns dados e mapas com informações sobre potenciais fontes de contaminação do solo, bem como alguns dados e mapas que mostram áreas de concentrações de metais pesados no solo superficial. Alguns destes dados foram sobrepostos com cenários de subida do nível do mar e discutidos nas aplicações do FDS (Staudt et al. 2006 e Klein et al. 2006).

Este documento centra-se principalmente nas primeiras fases de desenvolvimento da parte "Modelação e SIG" do QSD. Apresenta os primeiros modelos digitais de elevação (DEM) e a sua sobreposição com dados relativos à subida do nível do mar e à tempestade. Estas apresentações foram posteriormente desenvolvidas no decurso do projeto SEAREG e do desenvolvimento do QSD.

Gdansk está situada nas margens do rio Vístula, na costa do Mar Báltico. A cidade é parcialmente muito baixa e está atualmente protegida por alguns muros marítimos e estruturas de dunas. O antigo curso do rio Vístula, que atravessava o centro da cidade velha, foi deslocado para fora da cidade para diminuir o risco de inundação do rio. O antigo leito do rio ainda é visível na morfologia da cidade e, atualmente, é parcialmente utilizado como canais. Toda a área regista um ligeiro afundamento do terreno, o que aumenta o impacto da subida do nível do mar. O interior da cidade é montanhoso. Nos últimos anos, estas colinas têm sido a fonte de água que causou inundações repentinas após chuvas fortes, inundando partes da cidade. Gdansk poderá também enfrentar um problema real de inundações provocadas por tempestades, uma vez que a subida do nível do mar conduz a maiores inundações. Se uma tempestade desse tipo provocasse também inundações repentinas nas colinas, a cidade ficaria numa situação difícil, entre duas fontes de inundação.

No caso do estudo de caso de Gdansk, os mapas de subida do nível do mar e as sobreposições com sítios potencialmente contaminados forneceram um contributo importante para o desenvolvimento da avaliação da vulnerabilidade. Isto foi particularmente importante, uma vez que, inicialmente, foi difícil obter a cooperação das partes interessadas nesta área de estudo de caso. Assim que foram apresentados os primeiros mapas que mostravam a extensão territorial das zonas baixas e os potenciais impactos da subida do nível do mar, a vontade de cooperar melhorou consideravelmente. Até então, não tinha sido possível desenvolver os quadros de avaliação da vulnerabilidade para a região de Gdansk, mas estes primeiros mapas suscitaram um grande interesse e tornou-se possível alargar o desenvolvimento do QSD a um maior número de partes interessadas. As primeiras versões das tabelas de vulnerabilidade são apresentadas no Documento VI (resumidas abaixo) e as versões finais são apresentadas em Staudt et al. 2006.

A morfologia da área de estudo de Parnu é caracterizada por um relevo subtil e a sua altitude média é baixa. O rio Parnu, de caudal lento e serpenteante, divide a cidade em duas partes. A cidade velha está situada numa península entre o rio e o mar. No passado, a cidade de Parnu foi palco de várias tempestades. O impacto destas tempestades leva a inundações simultâneas do rio porque o mar que entra empurra a água do rio que corre lentamente para trás, inundando assim o interior. O projeto SEAREG decidiu ter em conta apenas os níveis de inundação moderados nos mapas que mostram os cenários de subida do nível do mar e as inundações provocadas por tempestades. Embora apenas tenham sido utilizados níveis de inundação moderados, grandes partes da cidade parecem ser propensas a inundações. O objetivo do projeto SEAREG era mostrar quais os níveis de água possíveis no futuro. Estes mapas iniciais de cenários de subida do nível do mar na área de estudo de Parnu provocaram reacções duras, como "cenários de terror para assustar a população local", por parte de algumas partes interessadas e peritos em alterações climáticas. A tempestade de inverno de janeiro de 2005 foi um acontecimento meteorológico extremo que não pode ser necessariamente atribuído às alterações climáticas. No entanto, esta tempestade provocou níveis de inundação recorde em Parnu. Curiosamente, este nível de inundação foi tão elevado como as projecções do cenário de caso elevado do projeto SEAREG. Este facto mostra que os cenários aqui descritos são bastante conservadores e provavelmente subestimam as potenciais tempestades futuras. Uma vez que a vaga de tempestade de 2005 é considerada um acontecimento extremo, os cenários para a cidade não foram alterados, mas o interesse do governo da cidade em participar no desenvolvimento do QSD e no desenvolvimento de estratégias de adaptação aumentou consideravelmente (ver também a discussão abaixo). Klein et al. 2006 discutem as versões finais dos mapas de cenários de alterações do nível do mar e uma avaliação da vulnerabilidade para a zona de Parnu.

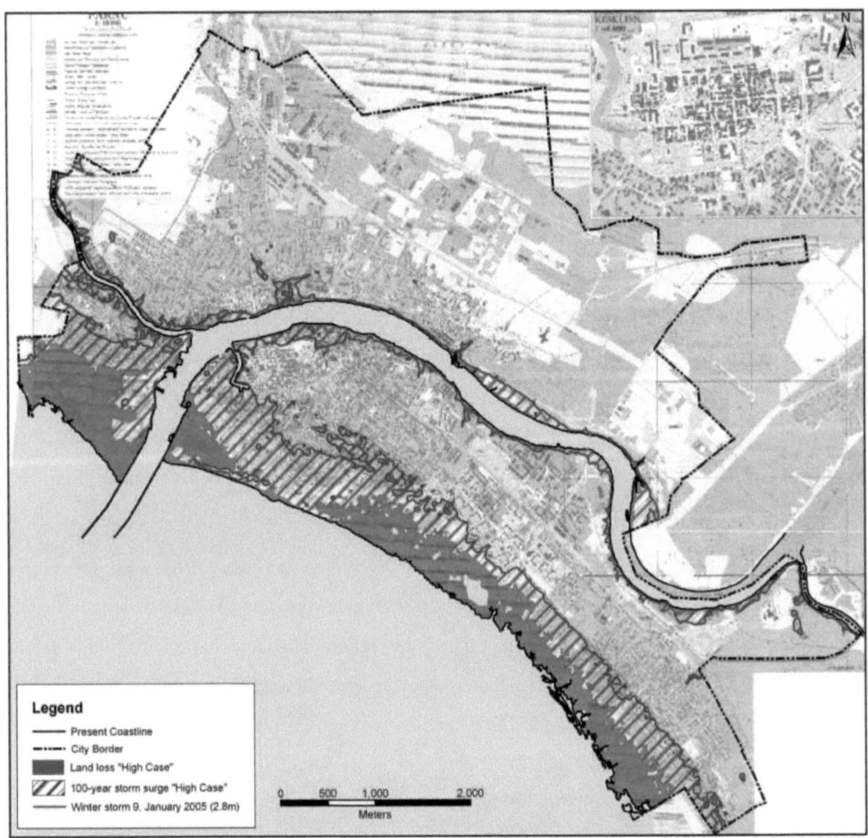

Mapa 1. Cenário de subida do nível do mar e inundação por tempestade na cidade de Pamu.

Modificado a partir de Schmidt-Thomé et al. 2005 (Documento IV). Mapa desenhado por Johannes Klein, Serviço Geológico da Finlândia.

Documento VI

O documento apresenta o desenvolvimento do Quadro de Apoio à Decisão (QAD) do projeto SEAREG através de exemplos específicos dos estudos de caso, incluindo várias figuras e mapas da área de Gdansk que mostram o impacto potencial dos riscos relacionados com as inundações na cidade, bem como a subsidência real do terreno, que ascende a 1-2 mm por ano. Os resultados preliminares do estudo de caso da área de Gdansk já foram discutidos no resumo do documento acima. A subida do nível do mar observada nos últimos 100 anos foi de cerca de 1,5 mm/ano, o que suscita grandes preocupações quanto ao desenvolvimento futuro, especialmente se houver uma subida acelerada do nível do mar. Como complemento ao Documento V discutido acima, este documento apresenta a aplicação de uma ronda de discussão com planeadores na área de Gdansk. Como resultado, a avaliação da vulnerabilidade é apresentada em quadros que analisam o impacto em áreas que podem ser permanente ou temporariamente inundadas no futuro.

O documento conclui que as zonas de maior preocupação, em termos do impacto da alteração dos níveis do mar e das cheias, são todas as zonas de praia da cidade. Isto é de particular interesse para o sector turístico e para as instalações industriais em zonas baixas, especialmente as que se encontram atrás de aterros com menos de um metro. Além disso, os aquíferos pouco profundos ao longo da linha costeira podem estar sujeitos à intrusão de água do mar. Estas conclusões foram alcançadas com as partes interessadas e deram origem a reacções positivas. Os mais altos responsáveis pelo planeamento da área de Gdansk participaram no desenvolvimento do processo do QSD. Um resultado direto desta cooperação positiva foi a continuação do trabalho no projeto de acompanhamento BSR INTERREG IIIB do SEAREG "Desenvolvimento de Políticas e Estratégias de Adaptação às Alterações Climáticas na Região do Mar Báltico" (ASTRA).

A primeira parte do documento descreve a aplicação do FDS na área da Grande Estocolmo. De acordo com os cenários de subida do nível do mar desenvolvidos durante o projeto SEAREG, Estocolmo não será muito afetada pela subida do nível do mar no próximo século. Isto deve-se principalmente a dois factos. Em primeiro lugar, a subida isostática do terreno, que ascende a alguns mm por ano. A segunda razão é a localização protegida da cidade: Dado que os ventos de oeste prevalecem, a maioria das tempestades afecta as costas ocidentais da Suécia e a costa oriental está geralmente mais bem protegida. No caso raro de uma tempestade vinda de leste, as ilhas circundantes bloqueariam a ação das ondas fortes.

Embora a subida do nível do mar não seja motivo de grande preocupação, poderá haver um aumento das inundações do Lago Malaren, a outra massa de água em que Estocolmo está localizada. De facto, a cidade velha de Estocolmo é o ponto onde a maior parte da água deste grande lago é descarregada no Mar Báltico. O lago é de grande importância para Estocolmo e para toda a região, sendo a principal fonte de água potável. A utilização recreativa do lago e das suas margens é também relativamente importante.

Devido às alterações climáticas, os principais padrões de escoamento do Lago Malaren poderão alterar-se, provocando assim inundações na margem do lago. O lago tem registado fortes flutuações sazonais do nível da água que, até 1943, provocaram inundações. Foram então construídas eclusas marítimas para regular o escoamento e gerir o nível da água do lago. Desde então, o nível do lago tem-se mantido bastante estável, uma vez que é possível evitar tanto os níveis de água baixos como os altos. No entanto, em caso de grande descarga do lago, as actuais comportas marítimas não podem ser abertas o suficiente para evitar inundações. Se estes picos elevados de descarga de água do lago aumentarem, o risco de inundação do lago também aumentará. Estes resultados do projeto SEAREG foram discutidos em vários seminários e reuniões com as partes interessadas da área metropolitana de Estocolmo. A necessidade de reconstruir as eclusas marítimas está a ser considerada há muito tempo pela cidade de Estocolmo. A aplicação do QSD na área do estudo de caso de Estocolmo levou a um melhor entendimento entre as partes interessadas de que o aumento do escoamento superficial deve ser tido em conta na nova conceção das eclusas marítimas.

Este resultado direto do projeto SEAREG é provavelmente um dos melhores exemplos de como a comunicação orientada para as partes interessadas pode levar a uma melhor compreensão dos riscos naturais e do impacto das alterações climáticas sobre eles, e a uma consequente inclusão desses resultados no desenvolvimento de futuros planos de utilização dos solos.

Discussão

Perigo e risco, o desafio da terminologia

A terminologia utilizada na comunidade de perigos e riscos ainda não está normalizada e existem várias definições dos termos. No decurso dos projectos que constituem a base do presente estudo, os termos perigos, vulnerabilidade e risco, bem como muitos outros, foram definidos e finalmente resumidos num documento intitulado "Glossário técnico de uma linguagem de avaliação de riscos e vulnerabilidade relacionada com múltiplos perigos" (Schmidt-Thomé et al. 2006a). O trabalho de investigação efectuado para compilar este glossário confirmou as complicações que podem surgir das muitas definições utilizadas na comunidade de perigos e riscos. Por vezes, as definições são bastante próximas umas das outras, mas frequentemente existem diferenças substanciais. Por conseguinte, foi decidido deixar várias definições lado a lado e deixar o utilizador do glossário decidir qual a definição que melhor se adequa ao objetivo pretendido. A comunidade científica que foi convidada a rever o glossário recebeu esta abordagem de forma bastante positiva. Vários cientistas que tinham trabalhado durante muito tempo com uma determinada definição para um termo não estavam dispostos a alterar a sua definição, mas podiam aceitar a abordagem de definição múltipla escolhida.

Este estudo adopta uma abordagem semelhante, uma vez que não pretende definir a vulnerabilidade e o risco de uma perspetiva teórica, mas sim alcançar uma compreensão global. Os termos são definidos com base num processo de discussão que se centrou na aplicabilidade dos termos ao ordenamento do território. O objetivo é comunicar quais os perigos naturais que potencialmente afectam uma área, qual o potencial de danos (vulnerabilidade em sentido lato) e os riscos resultantes. Finalmente, quais destas informações são importantes para o ordenamento do território.

Acontecimentos naturais extremos e processos naturais

Na avaliação dos riscos naturais, há que ter em conta que todos os chamados riscos naturais são fenómenos naturais que só se transformam em perigo quando os seres humanos ou os bens são afectados. A natureza em si não é ameaçada pelos riscos naturais e a natureza sempre se adaptou às catástrofes naturais. Muitos riscos naturais contribuíram, nalguns casos, para muitas vantagens naturais específicas do local de que os seres humanos dependem, por exemplo, solos férteis em planícies aluviais. Há que aceitar que os riscos naturais fazem parte do nosso ambiente de vida e que não podem ser totalmente mitigados. Os seres humanos têm de se adaptar a eles e organizar o seu ambiente de vida e os locais de assentamento da forma mais segura possível, tendo em conta os riscos naturais.

O passo seguinte é identificar e definir o que são perigos naturais e como podem ser influenciados pelas alterações climáticas. É importante distinguir entre riscos naturais, que são fenómenos extremos, e processos naturais, que são permanentes ou duradouros. Os processos naturais podem conduzir a condições adversas para o ambiente de vida, na perspetiva humana, mas não devem ser entendidos como perigos naturais. Por conseguinte, neste estudo, a definição de perigos diferencia entre *processos* que podem conduzir a situações adversas e *acontecimentos* que são perigos naturais.

Esta distinção entre riscos naturais e processos naturais é feita muito raramente. Por exemplo, a erosão, a degradação do solo e até os acidentes mineiros, estes últimos pertencentes, de facto, aos perigos tecnológicos, são por vezes incluídos nos projectos de investigação sobre perigos naturais. Ao mesmo tempo, vários outros perigos naturais não são frequentemente considerados (por exemplo, Masure 2001, Lilljequist & Ligtenberg 2005). No decurso dos projectos que constituem a base deste estudo, tornou-se claro que uma definição de perigos naturais é vital, de modo a concentrar adequadamente o âmbito da investigação e as recomendações resultantes.

Este estudo define os riscos naturais como acontecimentos extremos naturais. Um acontecimento extremo significa que uma situação normal, relativamente constante ou constantemente repetida, é perturbada ou alterada por uma questão de segundos, dias, semanas ou meses, após o que o estado "normal" inicial é novamente atingido. A duração de um acontecimento natural extremo, ou seja, de um perigo natural, varia entre segundos e meses. Por exemplo, um sismo é um movimento de um solo normalmente estável que dura segundos ou minutos, após os quais a situação estável é novamente atingida. Há muitos movimentos do solo que não são sentidos pelos seres humanos, mas apenas registados pelos sismógrafos. Uma vez que a maioria destes movimentos do solo, que em algumas regiões são bastante frequentes, não causam quaisquer danos, não são considerados riscos naturais, mas pertencem à situação "normal" relativamente estável. Outros perigos têm uma duração mais longa, por exemplo, as secas. As secas são determinadas por uma comparação com a média normalizada a longo prazo de, por exemplo, humidade do solo, escoamento fluvial ou precipitação de uma estação ou ano definidos. As secas podem durar vários meses ou mesmo anos, mas normalmente terminam com a mudança das condições climatéricas, por exemplo, estações de chuva, a dada altura. Neste sentido, é possível classificar todos os riscos naturais em tempos médios de duração, que é a principal caraterística que os distingue dos processos naturais (ver figura 1).

Os processos naturais são fenómenos naturais contínuos. Podem por vezes mudar, mas normalmente é difícil ou impossível definir o seu início e fim exactos. Os processos naturais podem ser influenciados por perigos. Por exemplo, uma vaga de tempestade, que é um fenómeno extremo, pode levar a uma erosão costeira grave. A erosão costeira é um processo contínuo e, no caso da erosão severa, a tempestade funciona como o perigo.

A erosão é o processo que é afetado pelo perigo. Também as alterações climáticas são um processo, uma vez que não se sabe claramente quando é que começaram e quando é que param, especialmente porque o clima sempre mudou no tempo geológico. As alterações climáticas induzidas pelo homem, bem como os seus potenciais efeitos na frequência e/ou intensidade dos riscos naturais, são atualmente objeto de intenso debate científico (por exemplo, Barring & Persson 2006, McBean & Henstra 2003, Emanuel 2005, Trenberth 2005).

É importante fazer a distinção entre processos e acontecimentos, não só para ser cientificamente exato, mas também por razões práticas. Como já foi referido, as alterações climáticas e os seus impactos são atualmente amplamente debatidos e, muitas vezes, as alterações climáticas são abordadas como um perigo natural. Importa ter presente que os riscos naturais, especialmente os hidrometeorológicos, resultam das condições meteorológicas e não do clima. O clima pode mudar durante períodos de tempo mais longos e pode, assim, influenciar as condições básicas em que ocorrem os perigos hidrometeorológicos. Por outras palavras, a mudança climática influencia o quadro de alguns riscos naturais, mas não é um risco em si. Trata-se de um processo permanente e deve ser tratado em conformidade.

Na análise dos riscos, deve-se começar por avaliar que tipo de riscos afectam uma área e, depois, como é que esses riscos podem ser influenciados pelas alterações climáticas. Como já foi referido, os impactos das alterações climáticas nos riscos estão a ser estudados e, embora algumas tendências possam ser visíveis, não há provas estatísticas que comprovem o seu impacto. Também ainda está a ser discutido se as alterações climáticas afectam a frequência ou a magnitude, ou ambas, dos riscos naturais (por exemplo, Barring & Persson 2006, Emanuel 2005). Noutros processos, como a já referida erosão costeira, a diferenciação entre processos e perigos também é útil. As medidas que devem ser tomadas contra os processos de erosão em curso são diferentes das que protegem uma praia de uma tempestade. Além disso, uma vaga de tempestade pode ter vários outros impactos numa região para além da erosão costeira, por exemplo, inundações e danos causados pelo vento. Embora tanto os processos como os riscos possam ter impactos adversos no desenvolvimento de uma região, é importante distinguir entre a necessidade de proteção permanente ou de medidas de atenuação dos processos e os meios que são úteis contra fenómenos extremos. Em casos ideais, as estratégias podem ser combinadas, mas, em geral, o planeamento dos riscos deve ter um âmbito mais vasto do que o planeamento dos processos.

A Figura 1 resume a discussão acima. Apresenta exemplos da duração média dos fenómenos e processos naturais que são considerados perigosos. A distinção entre perigos naturais e processos naturais é feita por tempos de início ou fim mensuráveis e/ou previsíveis.

Figura 1: Fenómenos naturais perigosos e sua duração potencial

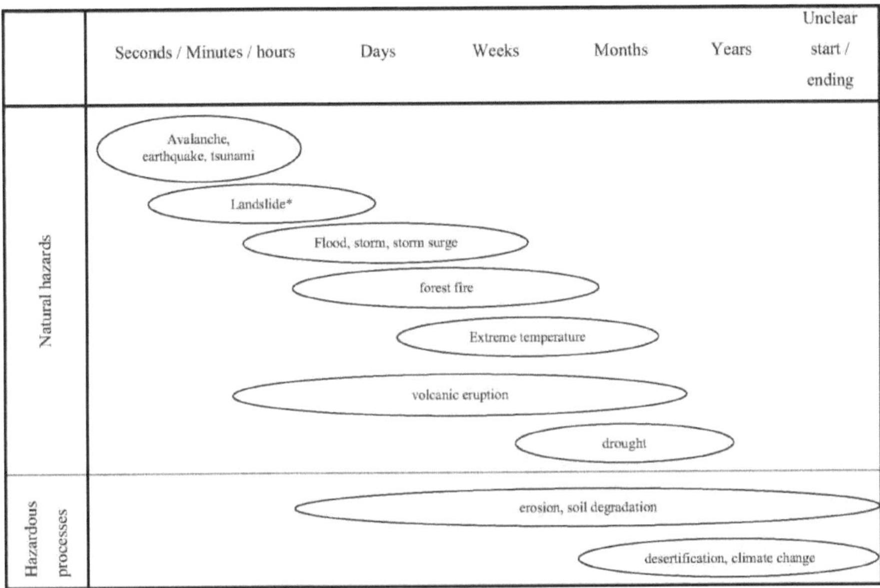

*Incluindo todos os tipos de movimentos de massa, colapsos de cavidades e falhas no solo. Eventualmente, alguns movimentos de massa podem continuar durante anos, mas podem ser vistos como processos

Fonte: Elaboração própria

É preciso ter em conta que os perigos naturais e os processos naturais, bem como os seus impactos, por vezes não são puramente naturais, uma vez que os seres humanos influenciam tanto os perigos naturais como os fenómenos naturais que podem conduzir a situações perigosas. No contexto dos riscos naturais, o melhor exemplo são provavelmente os incêndios florestais. A maioria dos incêndios florestais na região mediterrânica é causada por influência humana, por exemplo, acidentes, enquanto as fontes naturais, como os relâmpagos, desempenham um papel menor (Goldammer & Mutch 2001). No que respeita aos processos, uma das discussões mais importantes é certamente a das alterações climáticas induzidas pelo homem. Enquanto alguns dizem que as alterações climáticas são normais e pertencem a processos naturais, há indícios de que as rápidas alterações climáticas recentes são influenciadas pelas emissões de gases com efeito de estufa causadas por actividades humanas (por exemplo, Berner & Streiff 2000, Rahmstorf & Schellnhuber 2006, Schellnhuber et al. 2006).

Existem vários riscos naturais que podem afetar as vidas e os bens dos seres humanos, mas nem todos estes riscos naturais são relevantes para os planeadores do território. É basicamente impossível, ou inútil, incluir o efeito de um potencial impacto de meteorito no ordenamento do território. A fim de identificar os perigos que são espacialmente relevantes, ou seja, que interessam ao ordenamento do território, foi desenvolvido e aplicado um filtro espacial pelo projeto ESPON Hazards (Fleischhauer

2006). Onze perigos naturais foram identificados como espacialmente relevantes e estão resumidos no quadro 1 abaixo.

O passo seguinte consiste em analisar o potencial das alterações climáticas para influenciar os riscos naturais. Isto leva a uma distinção dos riscos naturais em dois grupos: Os que são potencialmente afectados pelas alterações climáticas e os que não são. Existem várias abordagens diferentes para categorizar os perigos naturais em subgrupos (por exemplo, Anderson 2003, McBean & Henstra 2003, Federal Office for Spatial Development 2006). Os perigos naturais espacialmente relevantes identificados por Fleischhauer (2006) são aqui categorizados em perigos geo-perigosos e perigos hidro-meteorológicos: Os riscos geológicos são os riscos que são apenas ou principalmente influenciados por factores sísmicos e geológicos, ou seja, terramotos, tsunamis, erupções vulcânicas e deslizamentos de terras. Os riscos geológicos ocorrem geralmente com pouca frequência e são difíceis de prever. Exceptuando os deslizamentos de terras, cuja origem pode ser atenuada até certo ponto, os riscos geológicos são também basicamente impossíveis de evitar (WBGU 1998). Os perigos hidrometeorológicos são os restantes sete perigos naturais espacialmente relevantes. A tabela abaixo categoriza os perigos naturais espacialmente relevantes em perigos geo-perigosos e perigos hidrometeorológicos e distingue aqueles que são potencialmente influenciados pelas alterações climáticas.

Em geral, pode afirmar-se que todos os riscos de origem hidrometeorológica são potencialmente afectados pelas alterações climáticas, ao passo que os riscos geológicos não são geralmente influenciados. A única exceção são os deslizamentos de terras, uma vez que podem ser causados, por exemplo, por precipitação extrema, também em encostas que são normalmente consideradas estáveis, ou em diques de rios, em caso de cheias elevadas.

Quadro 1: Categorização dos riscos naturais espacialmente relevantes

Natural hazards		Affected by climate change
Geo-hazards	Earthquakes	No
	Tsunamis	
	Volcanic eruptions	
	Landslides*	Yes
Hydro-meteorological hazards	Avalanche	
	Drought	
	Extreme temperature	
	Flood	
	Forest fire	
	Storms	
	Storm surges	

*Incluindo todos os tipos de movimentos de massa, colapsos de cavidades e falhas no solo

Fonte: Modificado de Schmidt-Thomé 2005

Vulnerabilidade e risco

O termo "vulnerabilidade" desempenha um papel crucial na discussão sobre o risco, uma vez que é a variável que ajusta a relação entre a probabilidade de ocorrência de um perigo e o dano, que é o risco resultante. Houve várias abordagens para encontrar definições adequadas e internacionalmente aceites dos termos vulnerabilidade e risco, mas ainda não existe um entendimento comum destes termos (por exemplo, Schmidt-Thomé et al. 2006a, Cutter 1996). Como já foi referido, os perigos naturais são fenómenos naturais que não põem a natureza em risco. A vulnerabilidade e o risco representam uma perspetiva puramente humana. Em termos simples, os seres humanos são vulneráveis aos perigos naturais, uma vez que podem ser feridos ou mortos e os seus bens podem ser destruídos. Os seres humanos colocam-se em risco pela sua presença numa zona naturalmente perigosa. Neste estudo, o risco é definido como uma função de um perigo (ou de vários perigos) e da vulnerabilidade. Por outras palavras, o risco depende da intensidade de um perigo e da extensão potencial dos danos. O principal desafio é, portanto, compreender e controlar ou influenciar as principais forças motrizes do risco, ou seja, o perigo e a vulnerabilidade. Este pressuposto básico deve ser geralmente compreendido e aceite.

Os seres humanos sempre estiveram sob a ameaça potencial dos riscos naturais, e a decisão de viver em zonas perigosas foi tomada conscientemente, pelo menos em algum momento, por exemplo, quando as povoações foram reconstruídas após catástrofes e, consequentemente, um certo risco foi deliberadamente aceite a partir daí. Dependendo das condições geográficas, geológicas e climáticas, as povoações humanas têm estado expostas a diferentes riscos naturais, bem como a diferentes intensidades e frequências de risco. Estas diferenças regionais em matéria de perigos naturais conduziram a diferentes percepções da vulnerabilidade e do risco em diferentes culturas. Nas zonas em que os perigos naturais ocorrem com maior frequência, o "risco aceitável" é diferente do que nas zonas que raramente são afectadas por perigos. As percepções de vulnerabilidade e risco baseiam-se, portanto, nos diferentes contextos naturais, sociais e culturais de compreensão dos termos e, consequentemente, existem diferenças na definição das variáveis para os medir.

A avaliação da vulnerabilidade, que faz parte do Quadro de Apoio à Decisão (QAD) desenvolvido no decurso do projeto SEAREG, centra-se na sensibilização dos planeadores e das partes interessadas para as implicações e possíveis impactos de um clima em mudança (Documentos III e IV). Devido às diferenças naturais e culturais entre regiões, esta avaliação de vulnerabilidade é mantida tão simples e flexível quanto possível, uma vez que cada área de estudo onde pode ser aplicada tem caraterísticas únicas. Trata-se de uma ferramenta para compreender melhor as áreas potencialmente afectadas e os riscos daí resultantes, para comunicar e sensibilizar e, finalmente, apoiar o desenvolvimento de estratégias de adaptação adequadas. Uma vez que a abordagem de avaliação da vulnerabilidade foi desenvolvida em estreita cooperação com as partes interessadas, a sua aceitação foi muito elevada. A maioria dos planeadores declarou que estava bem ciente dos riscos nas suas respectivas regiões e que não precisaria de uma avaliação da vulnerabilidade. Quando o trabalho começou, muitos planeadores disseram que a apresentação dos perigos e dos impactos das alterações climáticas em mapas seria suficiente. A aceitação da avaliação da vulnerabilidade aumentou à medida que se tornou claro que poderia ser utilizada como uma ferramenta para apoiar uma abordagem faseada que facilitasse a comunicação. A chave para a avaliação da vulnerabilidade, no âmbito do QSD, é o facto de ser transparente. Cada etapa da avaliação pode ser facilmente reconstituída, o que garante uma compreensão alargada e compreensível tanto do processo como dos resultados.

No processo de desenvolvimento e aplicação do QSD com os profissionais e as partes interessadas, verificou-se que não eram necessárias definições científicas claras de vulnerabilidade e risco, uma vez que os termos eram entendidos com base no senso comum. Por outras palavras, definições baseadas na teoria poderiam ter conduzido a uma versão cientificamente mais sólida da avaliação da vulnerabilidade, mas a sua aplicação afigurou-se difícil, uma vez que estavam envolvidas no processo cinco línguas e culturas diferentes. A abordagem escolhida foi prática e orientada para o processo, o que facilitou a comunicação com e entre as partes interessadas, em vez de a tornar desafiante e difícil. Isto não impede que se encontrem e desenvolvam definições claras, cientificamente sólidas e internacionalmente aceites. Enquanto o processo de definição dos termos estiver em curso, revelou-se mais prático utilizar um entendimento comum e clarificar os termos em caso de mal-entendidos.

A plataforma de discussão do FDS (Documento III, Lehtonen & Peltonen 2006) revelou-se uma excelente ferramenta para discutir o significado dos termos entre todos os cientistas e partes interessadas envolvidos. Foi sempre deixado claro que o QSD é um processo aberto e que os termos devem ser definidos por aqueles que efetivamente os utilizam e necessitam deles. Os cientistas desempenharam o papel de fornecer a interpretação de fundo dos dados e de a comunicar às partes interessadas que têm de tomar decisões sobre as estratégias adequadas de atenuação e adaptação.

Mapas de risco único e múltiplo para o planeamento espacial

Esta secção discute algumas possibilidades de apresentação dos efeitos dos perigos naturais e das alterações climáticas nos mapas, bem como os desafios da apresentação da vulnerabilidade e do risco nos mapas. A discussão baseia-se na experiência prática com planeadores e partes interessadas.

Uma das ferramentas mais eficazes para mostrar os perigos naturais e os impactos das alterações climáticas são os mapas que mostram a extensão do território afetado. Uma vez que os mapas geralmente apresentam apenas uma parte bidimensional e simplificada da realidade, o âmbito e o objetivo dos mapas de perigos têm de ser claramente definidos. Os planeadores espaciais utilizam mapas diariamente, por exemplo, nos planos de ordenamento do território, mas os perigos naturais e os impactos das alterações climáticas são informações temáticas que não estão necessariamente disponíveis para muitos planeadores e outras partes interessadas. Por conseguinte, os mapas de perigos têm de ser tratados com grande cuidado, especialmente quando contêm informações sensíveis. Isto não significa que a informação sobre os perigos deva ser classificada. Significa que a forma de apresentar os dados, a legenda e as notas explicativas nos mapas têm de ser cuidadosamente selecionadas para evitar mal-entendidos. Muitas das estratégias nacionais de adaptação às alterações climáticas acima descritas apelam a uma ampla participação das partes interessadas e a uma forte cooperação entre os diferentes actores. Por conseguinte, o processo de comunicação deve ser compreensível e compreensível para todas as partes envolvidas.

Existem várias possibilidades de apresentação de perigos naturais em mapas, por exemplo, mostrando a extensão territorial, a magnitude, a frequência, etc. Não existe uma forma acordada a nível internacional para representar os perigos nos mapas, nem uma legenda normalizada. Por conseguinte, é da maior importância definir claramente o objetivo e o âmbito de cada mapa de perigos. Muitos perigos naturais têm impactos locais, cuja extensão pode ser delineada com bastante exatidão (por exemplo, deslizamentos de terras), enquanto outros perigos afectam áreas maiores e é mais difícil delinear a sua extensão territorial (por exemplo, secas). Para medir a extensão e/ou o impacto de um perigo natural específico, os planeadores utilizam mapas de perigos individuais para delimitar, por exemplo, áreas com restrições de utilização do solo (por exemplo, Jarva & Virkki 2006, Wanczura, S. 2006).

Como já foi referido, recomenda-se que o planeamento inclua uma abordagem multi-riscos: Analisar primeiro todos os perigos potenciais numa área e, posteriormente, decidir quais os perigos que podem ser excluídos. Uma vez excluídos alguns perigos, é importante desenvolver tanto mapas de perigos únicos como mapas de perigos múltiplos (sintetizados). Os mapas de perigos múltiplos são extremamente úteis para dar uma visão integrada dos perigos numa área de estudo. A agregação de perigos em mapas de perigos múltiplos é uma tarefa difícil e o objetivo pretendido deve ser claro. Uma vez que todos os perigos naturais variam na forma como são medidos, muitos não podem ser combinados e uma simples agregação de variáveis numa única legenda não é basicamente possível. Por conseguinte, é necessário categorizar os perigos individuais em classes. Estas classes podem seguir uma classificação simples, por exemplo, variando de "sem perigos" a "elevado nível de perigos". A determinação exacta da classe tem de ser avaliada com base na área e no objetivo dos mapas. O principal objetivo dos mapas de riscos múltiplos é apoiar as restrições à utilização dos solos numa fase inicial. Por exemplo, as zonas identificadas como altamente (multi)perigosas devem ser excluídas de tipos de utilização do solo vulneráveis, como habitações e escolas. As zonas com menos riscos múltiplos ou classes inferiores de riscos múltiplos devem então ser avaliadas com mais cuidado, tendo também em conta os mapas de perigos únicos. A utilização planeada do solo pode então ser ajustada de forma adequada, por exemplo, através de códigos de construção. Por último, os mapas de riscos múltiplos podem também apoiar a atribuição de fundos especiais para apoiar a adaptação em zonas com riscos múltiplos.

Um exemplo recente e concreto da aplicação de mapas de riscos múltiplos vem do rescaldo do tsunami que atingiu o Oceano Índico em 2004. Durante o seminário internacional sobre tsunami - "Como a Tailândia e os países vizinhos se prepararão para o tsunami", no início de 2005, em Banguecoque, alguns oradores defenderam que só a relocalização pode garantir a segurança futura dos cidadãos em toda a região, especialmente nas zonas mais afectadas. A maior parte dos participantes no seminário, incluindo membros do governo tailandês, opôs-se a esta abordagem, uma vez que iria perturbar grandemente os cidadãos e as actividades económicas regionais, por exemplo, o turismo. Se a reconstrução de hotéis e bungalows não fosse autorizada perto da praia, mas apenas no interior, seria muito provável que os turistas deixassem de visitar essas zonas. Esta situação pode dar origem a problemas políticos e sociais duradouros. É muito provável que um tsunami significativo não atinja a zona durante muitos anos, pelo que os decisores locais poderão eventualmente permitir a construção de novos hotéis perto da praia. Isto levaria a conflitos com os proprietários de hotéis que foram inicialmente forçados a construir os seus hotéis mais para o interior. Por conseguinte, a proposta de relocalização foi fortemente rejeitada neste seminário. Por outro lado, foi claramente entendido que as instalações vitais, tais como as instalações de salvamento e de gestão de catástrofes, deveriam estar localizadas em zonas à prova de tsunami. Deve também garantir-se que estas instalações vitais estejam seguras em caso de outros riscos naturais. A fim de encontrar localizações adequadas, os mapas de riscos múltiplos foram discutidos como um dos instrumentos mais adequados. Estes mapas permitem a definição de zonas altamente perigosas e de zonas com menos ou mesmo sem riscos. Outro bom exemplo de mapas deste tipo foi desenvolvido por um projeto de cooperação técnica entre a Alemanha e a Indonésia sobre a atenuação de riscos geológicos. Nesta área de estudo, que também é propensa a tsunamis, os mapas de perigos individuais foram agregados em mapas de perigos múltiplos, sendo depois utilizados nos planos locais de utilização dos solos. O projeto envolve fortemente as partes interessadas locais e o público, a fim de definir as vulnerabilidades locais e tomar decisões adequadas sobre a utilização dos solos (Effendi et al. 2004).

Mapas de vulnerabilidade e de risco para o ordenamento do território?

A Comissão Europeia (2004, 2006) e a Munich Reinsurance Company (2004), entre outros, apelam à integração dos conceitos de vulnerabilidade e risco no ordenamento do território. Esta integração é prática corrente apenas em França (Fleischhauer 2006a, Greiving 2006) e uma aplicação mais ampla contribuiria para práticas de planeamento mais sustentáveis. Para apoiar este desenvolvimento, é necessário avaliar cuidadosamente a forma como a vulnerabilidade e o risco são medidos e avaliados e como esta informação pode ser utilizada pelos planeadores espaciais.

A questão crucial é como representar a vulnerabilidade e o risco nos mapas, uma vez que é muito importante garantir a compreensão e o entendimento no processo de comunicação com as partes interessadas. Os mapas de perigos são complexos, pelo que qualquer informação adicional complicará ainda mais a interpretação. Tal como referido anteriormente, não existe uma definição normalizada de vulnerabilidade ou risco, pelo que é ainda mais difícil acrescentar estes dados nos mapas. Se não for possível chegar a um entendimento comum sobre as variáveis para medir a vulnerabilidade, o diálogo entre as partes interessadas será muito difícil. O mesmo se aplica aos mapas de risco, que se baseiam na combinação da vulnerabilidade e do perigo.

No caso dos mapas de perigos e riscos à escala europeia, o potencial e as limitações dos mapas foram descritos com precisão no relatório final do projeto ESPON Hazards (Schmidt-Thomé 2005). Os mapas de perigos únicos, que apresentam os perigos ao nível das regiões, podem ser utilizados para identificar quais as regiões afectadas por cada perigo, a fim de apresentar tipologias de perigos regionais e as correspondentes responsabilidades pela avaliação dos perigos. Foi claramente sublinhado que a aplicabilidade dos mapas é apenas à escala europeia, uma vez que uma avaliação pormenorizada dos perigos só pode ser efectuada a nível local. Uma redução de escala e uma análise dos resultados do projeto ESPON Hazards num único país (Finlândia) mostraram que, em geral, muitos dos resultados estavam corretos, mas que é necessária uma avaliação mais aprofundada e correcções dos dados (Schmidt-Thomé 2005a). As alterações climáticas foram integradas em alguns dos mapas de riscos hidrometeorológicos como uma sobreposição, a fim de assinalar as zonas que poderão registar um aumento da frequência dos riscos naturais no futuro. O desenvolvimento de mapas de perigos múltiplos (agregados) teve várias limitações, uma vez que os perigos incluídos não foram simplesmente somados, mas agregados por um sistema de ponderação baseado em opiniões de peritos. A aplicação do sistema de ponderação foi geralmente aceite, mas também enfrentou algumas críticas, uma vez que os perigos foram ponderados numa perspetiva europeia e não local, pelo que muitas regiões não concordaram com o padrão de perigo resultante. No entanto, o padrão global agregado de perigos no território do OROTE foi aceite como uma primeira abordagem valiosa para mostrar a distribuição geral e as tipologias regionais de perigos. Os mapas de risco económico basearam-se numa abordagem de vulnerabilidade muito simples (PIB per capita e densidade populacional). Forneceram informações sobre a distribuição dos riscos, especialmente no que respeita às tipologias de risco baseadas na intensidade do perigo e da vulnerabilidade (Documento I). A análise destes mapas por peritos em desenvolvimento regional revelou-se um desafio, porque não foi possível decidir se esta abordagem da vulnerabilidade era adequada ou não. As razões éticas desempenharam um papel importante: as regiões menos ricas são consideradas menos vulneráveis do que as regiões mais ricas. Isto não podia ser aceite, especialmente pelos países menos ricos. Decidiu-se então desenvolver uma abordagem mais alargada. O compromisso consistiu em utilizar os melhores dados disponíveis sobre a vulnerabilidade integrada e acrescentar mais aspectos à vulnerabilidade económica (Kumpulainen 2006). Esta abordagem também não foi muito bem sucedida, uma vez que era bastante complexa e muitos peritos tiveram grande dificuldade em analisar o mapa complexo. Esta complexidade aumentou certamente quando a vulnerabilidade foi combinada com os perigos agregados no desenvolvimento de mapas de risco. Os padrões e tipologias de risco podiam certamente ser analisados pelos peritos envolvidos no desenvolvimento dos mapas, mas revelou-se extremamente difícil para as pessoas não diretamente envolvidas dar-lhes sentido. Consequentemente, os conjuntos de dados e mapas que foram utilizados e aplicados pelo OROTE foram os mapas de perigos individuais e, por vezes, o mapa de perigos agregados. As abordagens da vulnerabilidade e do risco revelaram-se importantes no diálogo científico, mas com uma aplicação prática limitada.

A Comissão Europeia especificou a integração da prevenção de riscos nas estruturas do Fundo Europeu de Desenvolvimento Regional (FEDER) para 2007-2013 (Comissão Europeia 2004, 2006). Os mapas de perigos naturais únicos foram, por isso, desenvolvidos para identificar áreas e regiões na Europa onde determinados perigos poderiam ser estudados em actividades futuras do FEDER, como projectos do fundo de desenvolvimento regional (Schmidt-Thomé et al. 2006). Nem os conceitos de vulnerabilidade nem os de risco foram recomendados para este fim, por serem demasiado complexos. Em vez disso, foi decidido que a vulnerabilidade e o risco deveriam ser examinados, caso a caso, a nível local para decidir que tipo de projectos relacionados com os perigos são relevantes para o respetivo desenvolvimento regional.

A integração da vulnerabilidade e do risco nos mapas de planeamento é também fundamental nos mapas regionais e locais, uma vez que o planeamento diz respeito sobretudo a actividades futuras. Os mapas de vulnerabilidade e risco apresentam uma imagem estática da situação atual, pelo que é difícil utilizar essa informação nos mapas quando se discutem, por exemplo, futuros planos de utilização dos solos. Uma mudança na utilização do solo conduzirá muito provavelmente a uma mudança na vulnerabilidade e a uma mudança no risco. Por exemplo, as zonas atualmente declaradas como zonas industriais abandonadas parecerão muito provavelmente ter uma vulnerabilidade muito baixa e, consequentemente, um risco baixo, em tais mapas. No entanto, a vulnerabilidade mudaria drasticamente quando essas zonas industriais fossem recuperadas e depois convertidas em zonas habitacionais. Nesse caso, seria teoricamente possível criar mapas de cenários de risco, mas é provável que tenham uma utilidade limitada na prática diária de planeamento. O grande desafio é que os mapas de vulnerabilidade e de risco acrescentam muitas variáveis adicionais aos mapas de uso do solo e de perigosidade. É bem possível que a legibilidade e, por conseguinte, a compreensibilidade, bem como a potencial aceitação entre as partes interessadas, diminua proporcionalmente com a adição de dados (ver também o resumo do Documento II, acima). Uma vez que se propõe ter em conta não só os riscos múltiplos mas também as alterações climáticas no ordenamento do território, há que reconhecer que os cenários de alterações climáticas se baseiam em pressupostos sobre o desenvolvimento económico global e as futuras emissões de gases com efeito de estufa (Church et al. 2001). As grandes células de grelha que estes modelos estão a utilizar dificultam a sua redução para uma escala local adequada. A criação de mapas de cenários de risco locais que captem as futuras alterações do uso do solo e os combinem com informações sobre os impactes das alterações climáticas implica a combinação de vários tipos de dados de cenários. É questionável se este tipo de informação é cientificamente sólido e aceitável para os processos de tomada de decisão. Por conseguinte, há que ponderar cuidadosamente se os mapas de vulnerabilidade são de todo necessários e, se o forem, que tipo de informação deve ser utilizado.

Uma lição geral dos projectos ESPON Hazards e SEAREG, bem como de outras actividades de investigação, é que os responsáveis pelo planeamento não necessitam necessariamente de mapas de vulnerabilidade e risco. No caso do projeto SEAREG, os responsáveis pelo planeamento e as partes interessadas ficaram satisfeitos com simples sobreposições de futuras áreas propensas a inundações nos mapas actuais de utilização dos solos. A vulnerabilidade da zona foi avaliada com a ajuda da avaliação da vulnerabilidade (por exemplo, Staudt et al 2006, Virkki et al 2006). A combinação das alterações do nível do mar e das zonas propensas a inundações forneceu informações suficientes para os planeadores locais considerarem os potenciais impactos das alterações climáticas nos futuros planos de utilização dos solos. No caso de Parnu (Estónia), as alterações do nível do mar e das zonas propensas a inundações foram sobrepostas a dados de utilização dos solos, por exemplo, sobre sectores económicos (por exemplo, Klein & Staudt 2006). A experiência adquirida no projeto de acompanhamento do SEAREG, ASTRA, mostrou que estas sobreposições foram utilizadas no processo de tomada de decisões pela Câmara Municipal e pelo Governo Municipal de Parnu. No que diz respeito à conceção de futuras medidas de proteção contra tempestades nas margens dos rios e na linha costeira, a Câmara Municipal propôs começar por "elevar a superfície do solo nas linhas costeiras e nas margens dos rios" para proteção contra inundações no início de 2006 (Câmara Municipal de Parnu 2006). O Governo Municipal de Parnu não aceitou esta proposta e assinou uma decisão, declarando que "em futuras actividades de proteção contra inundações, devem ser tidas em conta as alterações dos padrões de inundação". Identificaram o projeto ASTRA como a base para esta decisão (Governo Municipal de Parnu 2006). Este exemplo mostra que os dados relativos aos riscos naturais e às alterações climáticas foram úteis nos mapas e que as questões de vulnerabilidade puderam ser avaliadas com a ajuda de ferramentas adicionais, como as plataformas de discussão e a avaliação da vulnerabilidade do QSD.

Os mapas de risco têm aplicação em alguns sectores especiais do planeamento ou na tomada de decisões muito específicas. Por exemplo, podem ajudar a identificar as zonas que apresentam um risco tão elevado que é necessário proceder a uma reestruturação ou a uma deslocalização (Greiving 2006). Os mapas de vulnerabilidade também são úteis em sectores especiais, por exemplo, no planeamento da preparação para situações de emergência. Os serviços de salvamento precisam de saber quantas pessoas estão localizadas em que zonas da cidade durante o dia e a noite e a que distância se encontram os quartéis de bombeiros e os hospitais mais próximos (Krisp & Karasovà 2005). Um fator adicional que tem de ser tido em conta no desenvolvimento de vulnerabilidades e riscos é que alguns factores mudam de hora a hora, diariamente e sazonalmente. A vulnerabilidade e o risco dependem e mudam com, por exemplo, os horários de ensino na escola, o número de trabalhadores pendulares a uma determinada hora do dia ou o número de pessoas em grandes eventos, como concertos.

Os riscos naturais (e tecnológicos) são parcialmente influenciados pelas condições climatéricas que podem mudar rapidamente. As estações do ano também são importantes, por exemplo, devido às condições meteorológicas e aos feriados. Todos estes factores devem ser tidos em conta nas estimativas de vulnerabilidade e risco, pelo que é difícil decidir quais os parâmetros que podem ser utilizados nas aplicações cartográficas. Por outras palavras, os mapas de risco específicos e sectoriais podem ser muito úteis, enquanto os mapas gerais de vulnerabilidade e risco podem complicar o processo de comunicação com as partes interessadas.

Conclusões

A integração dos conceitos de perigo, alterações climáticas e risco no desenvolvimento regional e no ordenamento do território provou ser relevante para os planeadores espaciais. Deve-se dedicar algum tempo a definir todos os potenciais perigos e processos naturais que afectam uma região, uma vez que as estratégias individuais de atenuação ou adaptação para cada perigo são diferentes, embora possam ser eventualmente combinadas. Foi demonstrado que os mapas de riscos naturais e as sobreposições com os impactes das alterações climáticas levaram a uma melhor compreensão das futuras ameaças potenciais ao desenvolvimento espacial e que os conceitos de vulnerabilidade são uma ferramenta valiosa para avaliar os riscos. O conceito de riscos múltiplos é um desafio, mas é importante, uma vez que é vital para os planeadores espaciais obterem informações sobre todos os tipos de impactos potencialmente adversos. Um dos aspectos mais importantes é o processo de comunicação, uma vez que os dados relativos aos perigos são muito complicados e a aceitação alargada das decisões só pode ser conseguida através de fontes de informação compreensíveis e abrangentes. Os aspectos da vulnerabilidade e do risco são mais críticos. Deve caber aos planeadores espaciais e a outras partes interessadas considerar cuidadosamente e decidir se precisam desses conceitos e dos dados correspondentes e, se precisarem, qual é o objetivo específico desses mapas e que variáveis devem ser utilizadas para medir a vulnerabilidade e o risco. É importante que a avaliação da vulnerabilidade vá além do impacto das catástrofes e das alterações climáticas, uma vez que o risco também resulta de outras fontes, como as dependências económicas locais, por exemplo, do tráfego. As análises de vulnerabilidade e de risco devem ter por objetivo reduzir a vulnerabilidade, a fim de diminuir os riscos de perigos. Por último, recomendam-se os seguintes pontos nas actividades de ordenamento do território relacionadas com os perigos e as alterações climáticas:

- Continuar a integrar as abordagens dos riscos naturais no ordenamento do território e abrir o processo a todas as partes interessadas
- Alargar o âmbito e avançar para avaliações integradas de riscos múltiplos para identificar todos os riscos potenciais de uma zona.
- Integrar cenários de alterações climáticas na avaliação (multi) de riscos para identificar potenciais alterações nos padrões de risco
- Assegurar a cooperação interdisciplinar, inter-regional e intergovernamental para obter pontos de vista pluridimensionais.
- Integrar as avaliações de vulnerabilidade e identificar todas as variáveis que contribuem para padrões de vulnerabilidade específicos
- Analisar o aspeto da vulnerabilidade dos riscos naturais e das alterações climáticas, uma vez

que é o ponto de partida mais fácil para os processos de adaptação

- Geralmente, prevê-se uma maior importância para a adaptação aos riscos e às alterações climáticas e menor para a atenuação

Há que reconhecer que estes pontos são exigências máximas ou pedidos de ação. Muitas práticas de planeamento e de tomada de decisões desenvolveram-se ao longo de décadas e têm funcionado com sucesso. O objetivo destas recomendações não é criticar ou alterar quaisquer práticas de ordenamento do território, mas ajudar no desenvolvimento de ideias para melhorias. Foi demonstrado que os riscos naturais têm atualmente uma importância crescente na Europa e no mundo. Juntamente com a importância crescente dos riscos naturais (e os efeitos potenciais das alterações climáticas sobre estes) estão os impactos financeiros e as percepções sociais do risco. A atual mudança de paradigma na ponderação da importância da atenuação dos riscos e das alterações climáticas para a adaptação exige a integração do ordenamento do território no desenvolvimento de estratégias conexas. A organização da utilização dos solos e a distribuição das funções espaciais podem definitivamente apoiar as estratégias de adaptação e conduzir a uma melhor proteção do ambiente em que se vive. O desenvolvimento de estratégias de adaptação adequadas é um processo lento que deve integrar todos os actores e partes interessadas relevantes. Os aspectos aqui discutidos podem contribuir e esclarecer alguns aspectos deste processo.

Agradecimentos

Estou muito grato à minha mulher e ao meu pai pelo apoio que ambos me deram. O meu pai ensinou-me a utilizar as geociências e a diplomacia em projectos interdisciplinares ao longo dos meus estudos e da minha vida profissional. A minha mulher motivou-me a alargar o meu horizonte científico a questões relacionadas com o planeamento e a sociedade, encorajando actividades de projeto relacionadas. Ambos apoiaram de forma construtiva a publicação dos resultados dos projectos.

Gostaria de agradecer aos meus superiores no Serviço Geológico da Finlândia, nomeadamente Karita Åker, Keijo Nenonen e Petri Lintinen, em primeiro lugar pela iniciativa de elaborar uma tese de doutoramento e, em segundo lugar, por me terem dado todo o apoio necessário para que tal fosse possível. A minha gratidão estende-se a todos os meus colegas do Serviço Geológico da Finlândia por me terem acolhido calorosamente e apoiado, não só em questões científicas, mas também na aprendizagem da língua e da cultura finlandesas.

Quero agradecer muito cordialmente a todos os co-autores (Hilkka, Jaana, Johannes, Lasse, Mark, Michael, Micki e Stefan) que contribuíram para as publicações que constituem a base desta tese. Este grupo central de investigadores teve um impacto significativo no desenvolvimento de novas abordagens na cooperação entre as geociências e o planeamento. Deram incontáveis contributos e paciência para o trabalho do projeto, o que facilitou o sucesso dos projectos e também deste doutoramento. Gostaria também de agradecer a todos os outros investigadores envolvidos no trabalho científico e administrativo dos projectos pela sua excelente cooperação.

Agradeço ao meu orientador na Universidade de Helsínquia, Professor Veli-Pekka Salonen, por ter demonstrado interesse no tema proposto e pelos seus valiosos conselhos críticos na preparação da sinopse. Juntamente com o pessoal muito simpático e prestável da Universidade de Helsínquia, assegurou também um apoio vital em todas as questões administrativas. Agradeço ainda aos revisores externos pelo seu interesse em efetuar uma revisão crítica da dissertação e pelas suas valiosas observações. Os meus agradecimentos especiais vão para Ralph Currie e Anthony Reedman pelos seus grandes esforços na revisão da língua inglesa.

Quero exprimir o meu mais profundo reconhecimento à minha mãe por me ter apoiado durante as minhas actividades de investigação e por ter desenvolvido a minha abordagem positivamente crítica da vida e da ciência. O mesmo se aplica à minha irmã, que me apoiou em todas as fases da vida e da investigação. O meu agradecimento estende-se, sem dúvida, ao meu querido filho por me lembrar continuamente da importância de me concentrar também noutras questões para além da ciência e do trabalho de projeto.

Gostaria também de agradecer a todos os meus amigos e colegas que me apoiaram nas inúmeras actividades e processos de aprendizagem que conduziram a esta tese de doutoramento. Não é possível mencionar cada pessoa que esteve envolvida no longo processo deste doutoramento, mas ninguém está esquecido!

Referências

Anderson, M.G., Nelson, D., Tanner, C (editores). 2003. Natural hazards mitigation planning: A community guide. Massachusetts, 48p, disponível em: http://www.mass.gov/dcr/stewardship/mitigate/hazguide.pdf, visitado em 02.08.2006.

Barring, Lars & Gunn Persson. 2006. Influência das alterações climáticas nos riscos naturais na Europa. In: Schmidt-Thomé (ed.) 2006. Natural and Technological Hazards and Risks in European Regions, Geological Survey of Finland, Special Paper 42, Espoo, p.93-107.

Berner, U. & Streif, H. (eds.). 2000. Klimafakten. Der Rückblick - ein Schlüssel für die Zukunft. Stuttgart ,259 p.

Bohme, K. 2002. Nordic Echoes of European Spatial Planning: Integração discursiva na prática. Dissertação da Universidade de Nijmegen, 2002. Relatório Nordregio 2002:8, Estocolmo, 367 p.

Bulkeley, H. 2006. Um clima em mudança para o planeamento. In: Planning theory & practice, Vol. 7, No.2 p.203-213.

Burby, R.J. (editor). 1998. Cooperating with nature: Confronting natural hazards with land-use planning for sustainable communities. Washington, 376p.

Cambell, H. Is the issue of claimet change too big for spatial planning? In: Planning theory & practice, Vol. 7, No.2 p.201-203.

CEMAT. 2003. Declaração de Lubiljana sobre a dimensão territorial do desenvolvimento sustentável. 13 CEMAT (2003) 9. Estrasburgo, 5p. Disponível em:

http://www.sigov.si/mop/en/podrocja/ljubljanska deklaracija ang.pdf, visitado em 21.06.2006.

Chandrasekar, N., Saravanan, S., I.J. Loveson, M. Rajamanickam. 2006. Classificação do risco de tsunami ao longo da costa sul da Índia: uma iniciativa para proteger o ambiente costeiro de um desastre semelhante. In: Ciência dos riscos de tsunami. Vol. 24/1.

Disponível em http://www.sthjournal.org/, visitado em 02.08.2006

Church, J.A., Gregory, J.M., Huybrechts, P., Kuhn, M., Lambeck, K., Nhuan, M.T., Qin, D. & Woodworth, P. 2001. Changes in Sea Level. In: Houghton J.T. [et al.] (eds.) Climate Change 2001: The scientific basis. Contribuição do Grupo de Trabalho I para o Terceiro Relatório de Avaliação do Painel Intergovernamental sobre Alterações Climáticas.

Cambridge University Press, p.639-693.

Cutter, S. L. 1996. Vulnerabilidade aos riscos ambientais. In: Progresso em Geografia Humana, Vol. 20, No. 4, p.529-539.

Departamento de Proteção Ambiental, Ministério do Ambiente da República da Letónia. 2006. Global climate changes. Disponível em: http://www.varam.gov.lv/vide/darbJom/Eklim.htm, acedido em 07.08.2006.

Deutsche Welle, tv 03.08.2006, também disponível em: http://www.dw-world.de/dw/article/0,2144,1997366,00,html, visitado em 03.08.2006

Die Zeit. 2006. Conhecer. Vários artigos sobre alterações climáticas e riscos naturais, in: Die Zeit, n.º 31, 27.07.2006, Hamburgo, p.27-30.

Die Zeit. 2005. O conhecimento. O que não se pode dizer. In: Die Zeit, No. 7, 10.02.2005, disponível em: http://www.zeit.de/2005/07/Klimawandel?page=all, visitado em 09.08.06

Lei sobre a atenuação de catástrofes. 2000. DMA, Lei Pública 106-390. Disponível em: http://www.fema.gov/txt/help/fr02-4321.txt , visitado em 02.08.2006

Effendi, A., Nasution, A., Djarwoto, A., Murdohardono, D., Kertapati, E., Hermawan, Hidajat, R., Sutawidaja, I. S., Jager, S., Manhart, A., Ranke, U., Rehmann, T., Dalimin, R., Sugalang, Weiland, L. 2004.Mitigação de riscos geológicos na Indonésia. Relatório sobre a situação do projeto "Sociedade civil e cooperação intermunicipal para melhores serviços urbanos / atenuação de riscos geológicos". Cooperação técnica germano-indonésia. Bandung, 59 p.

Emanuel, K. 2005. Aumento da capacidade de destruição dos ciclones tropicais nos últimos 30 anos. In: Nature, Vol 436/4, doi:10.1038, p 686-688.

Base de dados de desastres de emergência (Em-Dat). 2006. Trends and Relationships for the period 1900-2005 (Tendências e relações para o período 1900-2005). Disponível em: http://www.em-dat.net/disasters/trends.htm, visitado em 02.08.2006

PESD. 1999. EDEC - Esquema de Desenvolvimento do Espaço Comunitário. Para um desenvolvimento equilibrado e sustentável do território da União. Adotado em maio de 1999 no Conselho informal de Potsdam dos ministros responsáveis pelo ordenamento do território. Disponível em: http://europa.eu/scadplus/leg/en/lvb/g24401 .htm, visitado em 16.08.2006.

ESPON. 2002. Concurso do projeto ESPON 1.3.1 "Efeitos espaciais e gestão dos recursos naturais e os riscos tecnológicos em geral e em relação às alterações climáticas". Disponível em: http://www.espon.eu/mmp/online/website/content/projects/259/655/file 1411/tor 1.3.1. pdf, visitado em 07.08.2006.

Tratado da UE. 2002. Versão consolidada do Tratado que institui a Comunidade Europeia. In: Jornal Oficial das Comunidades Europeias C 325/33, 152p. Disponível em: http://europa.eu.int/eur-lex/lex/en/treaties/dat/12002E/pdf/12002E EN.pdf, visitado em 02.08.2006.

Comissão Europeia. 1997. Compêndio da UE sobre sistemas e políticas de ordenamento do território. Serviço das Publicações Oficiais das Comunidades Europeias, Luxemburgo, 192p.

Comissão Europeia. 2004. Prevenção de riscos: Uma prioridade para os Fundos Estruturais 2007-2013. In. Inforegio Panorama No. 15. Bruxelas, p. 23-25. Disponível em: http://ec.europa.eu/regional policy/sources/docgener/panorama/pdf/mag15/mag15 en.p df, visitado em 09.08.2006.

Comissão Europeia. 2006. Proposta de decisão do Conselho relativa às orientações estratégicas comunitárias em matéria de coesão {SEC(2006) 929}. Bruxelas, 65p. disponível em: http://ec.europa.eu/regional policy/sources/docoffic/2007/osc/com 2006 0386 en.pdf, visitado em 17.08.2006.

Departamento Federal do Ordenamento do Território (em colaboração com: Departamento Federal da Água e Geologia, Agência Suíça para o Ambiente, Florestas e Paisagem). 2006. Recomendação - Ordenamento do território e riscos naturais. Referência: www.are.ch. Disponível em: http://www.bwg.admin.ch/themen/natur/e/pdf/Naturgefahren e.pdf, visitado em 21.06.2006.

FINADAT. 2006. Brochuras e publicações do FINADAPT (em inglês): http://www.ymparisto.fi/default.asp?contentid=165486&lan=fi&clan=en, visitado em 08.08.2006

Fleischhauer, M. 2006. Relevância espacial dos riscos naturais e tecnológicos. In: Schmidt-Thomé (ed.) 2006. Natural and Technological Hazards and Risks in European Regions, Geological Survey of Finland, Special Paper 42, Espoo, 7-15.

Fleichhauer, M. 2006a. O ordenamento do território e a prevenção dos riscos naturais em França. In: Fleischhauer, M., Greiving, S. & Wanczura, S. (editores). 2006. Natural hazards and planning in Europe, Dortmund, p.37-54.

Fleischhauer, M., Greiving, S. & Wanczura, S. (editores). 2006. Natural hazards and planning in Europe, Dortmund, 203p.

Hébert, H. 2003. Preliminary modeling of the tsunami triggered by the Algiers earthquake, 21 May 2003: http://www.emsc-csem.org/Doc/HEBERT/, visited 20.08.2005

Galderisi, A. & Menoni, S. (com a contribuição de Cozzi, S.). 2006. Prevenção dos riscos naturais e ordenamento do território em Itália: Pontos fortes e fracos de um sistema dividido entre autoridades centralizadas e descentralizadas. In: In: Fleischhauer, M., Greiving, S. & Wanczura, S. (editores). 2006. Natural hazards and planning in Europe, Dortmund, p.97-126.

Godschalk, D. R., Beatley, T., Berke, P., Brower, D. J., Kaiser, E. J., Bohl, C. C. & Goebel, R. M. 1999. Natural hazard mitigation - recasting disaster policy and planning. Wahington, 575p.

Goldammer, J. G. & Mutch, R. W. 2001. Global Forest Fire Assessment 1990-2000.

FAO, Departamento Florestal, Forest Resources Assessment - Working Paper 55. http://www .fao. org/documents/show cdr. asp?uri file=/docrep/006/ad653e/ad653e62.ht m, visitado em 07.07.2005.

Greiving, S. 2006. Quais são as verdadeiras necessidades do ordenamento do território para lidar com os riscos naturais? In: Fleischhauer, M., Greiving, S. & Wanczura, S. (editores). 2006. Natural hazards and planning in Europe, Dortmund, p.185-202.

Halsnæs, Kirsten. 2006. Alterações climáticas e planeamento. In: Planning theory and practice, Vol. 7, No.2, p.227-230.

Hohne, N., Phylipsen, D., Ullrich, S., Blok, K. 2006. Options for the second commitment period of the Kyoto Protocol. Relatório de investigação 203 41 148/01, investigação ambiental do Ministério Federal do Ambiente, Conservação da Natureza e Segurança Nuclear. UBA-FB 000771. Disponível em: http://www.umweltdaten.de/publikationen/fpdf-l/2847.pdf, visitado em 07.08.2006.

Honkatukia, J. 2001. Estratégia de Adaptação às Alterações Climáticas Finais. In: The Finnish Economy and Society 1/2001, p.72-80.

Jarva, J. & Virkki, H. 2006. Lidar com os perigos: A prática no sistema de ordenamento do território finlandês. In: Fleischhauer, M., Greiving, S. & Wanczura, S. (editores). 2006. Natural hazards and planning in Europe, Dortmund, p. 19-36.

Klein, J. & Staudt, M. 2005. Avaliação dos impactos futuros da subida do nível do mar em Parnu / Estónia. In: Schmidt-Thome, P. (editor): Sea level Changes Affecting the Spatial Development of the Baltic Sea Region (Alterações do nível do mar que afectam o desenvolvimento espacial da região do Mar Báltico). Serviço Geológico da Finlândia, Documento Especial 41, Espoo, p.71-81.

Klein, R.J.T. & Nicholls, R. 1998. Capítulo 7 - Zonas Costeiras. In: Feenstra J.F., Burton I., Smith J.B. and Tol R.S.J. (eds.), 1998: Handbook on Methods for Climate Change Impact Assessment and Adaptation Strategies, Version 2.0, UNEP, Nairobi, 7-1, p.7-36.

Konstantinaviciute, I. 2003. Políticas de atenuação das alterações climáticas na Lituânia. In: Fonte: Energia e Ambiente, Volume 14, Número 5, p. 725-736(12).

Krisp, J. & Karasovà, V. 2005. A relação entre a densidade populacional e a densidade de incidentes do serviço de incêndio/salvamento em áreas urbanas. In: Hauska, H. & Tveite, H. 2005.

ScanGIS'2005 - The 10th Scandinavian Research Conference on Geographical Information Science, 13-15 de junho de 2005, Estocolmo, Suécia - Actas, p. 237-245.

Kumpulainen, S. 2006. Conceitos de vulnerabilidade na avaliação de perigos e riscos. In: Schmidt-Thomé (ed.) 2006. Natural and Technological Hazards and Risks in European Regions, Geological Survey of Finland, Special Paper 42, Espoo, p.65-74.

Kusler. 2004. No adverse impact - Floodplain management and the courts (Sem impacto adverso - Gestão de planícies aluviais e os tribunais). Preparado para a Association of State Floodplain Managers, 46p. Disponível em: http://www.floods.org/NoAdverseImpact/NAI AND THE COURTS.pdf, visitado em 11.08.2006.

Lehtonen, S. & Peltonen, L. Risk communication and sea level rise: Colmatando o fosso entre a ciência do clima e a prática do planeamento. In: In: Schmidt-Thome, P. (editor): Sea level Changes Affecting the Spatial Development of the Baltic Sea Region (Alterações do nível do mar que afectam o desenvolvimento espacial da região do Mar Báltico). Serviço Geológico da Finlândia, Documento Especial 41, Espoo, 61-69.

Levet, R. 2006. Planear as alterações climáticas: Tempo de realidade. In: Planning theory & practice, Vol. 7, No 2 p. 214-217.

Lilljequist, R. & Ligtenberg, H. 2005. Reducing the risk from natural hazards - the role of geosciences. Documento de aconselhamento à Comissão Europeia. Federação Europeia de Geólogos. 8p. Bruxelas. Disponível em: http://www.eurogeologists.de/EFG-AdviceDoc Reducing-risk-from-natural-hazards 30-03-2005.pdf, visitado em 21.06.06

Lomnitz, C. O risco sísmico em Manágua: Uma visão crítica. In: Geofisica Internacional, Vol. 14, No. 1, p. 1-17, México, D.F.

Mann, H.E. & Emanuel, K.A. 2006. Atlantic hurricane trends linked to climate change. In: EOS Vol. 87, No. 24, p.233-244.

Marttila, V., Granholm, H., Laanikari, J., Yrjola, T., Aalto, A., Heikinheimo, P., Honkatuki, J., Jarvinen, H., Liski, J., Merivirta, R. & Paunio, M. (eds). 2005. Finland's National Strategy for Adaptation toClimate Change (Estratégia Nacional da Finlândia para a Adaptação às Alterações Climáticas). Ministério da Agricultura e das Florestas, Helsínquia 280 p. Disponível em: http://www.mmm.fi/sopeutumisstrategia/, visitado em 08.08.2006.

Masure, P. 2001. Relatório de trabalho do FOREGS sobre os riscos naturais. Relatório estratégico, julho de 2001. FOREGS, 8pp. Disponível em:

http://foregs.eurogeosurveys .org/meetings/meeting 2001/wgr natural hazards.pdf, visitado em 21.06.06.

Meier, H.E.M., Broman, B., Kallio, H. & Kjellstrom, E. 2005. Projecções de futuros ventos de superfície, níveis do mar e ondas de vento no final do século XXI e sua aplicação para estudos de impacto de áreas propensas a inundações na região do Mar Báltico. In: Schmidt-Thome, P. (editor): Sea level Changes Affecting the Spatial Development of the Baltic Sea Region (Alterações do nível do mar que afectam o desenvolvimento espacial da região do Mar Báltico). Serviço Geológico da Finlândia, Documento Especial 41, Espoo, p.23-43.

Mimura, N. & Harasawa, H. 2000. Livro de dados sobre a subida do nível do mar em 2000. Agência do Ambiente do Japão, 113p.

McBean, G. & Henstra, D. 2003. Climate change, natural hazards and cities for natural resources Canada [Alterações climáticas, riscos naturais e cidades para os recursos naturais do Canadá]. Institute for Catastrophic Loss Reduction Research Paper Series 31. Ontário. 16p.

Companhia de Resseguros de Munique. 2004. Grandes Catástrofes Naturais, Tópicos geo 1/2004: Revisão anual das catástrofes naturais de 2003. Munique. 60p.

Napier, M. & Rubin, M. 2002. Managing environmental and disaster risks affecting informal settlements: Lições de práticas inovadoras das autoridades locais sul-africanas. Submetido à conferência internacional e reunião do Grupo de Trabalho 40 do CIB sobre povoações informais: Sustainable livelihoods in the integration of informal settlements in Asia, Latin America and Africa. Pretória, 32 p. Disponível em: http://www.buildnet.co.za/akani/2003/mar/environmanage.pdf, visitado em 02.08.06.

Nicholls R., 1998. Coastal Vulnerability Assessment for Sea-Level Rise: Evaluation and Selection of Methodologies for Implementation, Relatório Técnico, Projeto Caribbean Planning for Adaption to Global Climate Change (CPACC), 1-39.

Olfert, A., Greiving, S. & Batista M.J. 2006 Regional multi-risk review, hazard weighting and spatial planning response to risk - Results from European case studies. In: Schmidt-Thomé (ed.) 2006. Natural and Technological Hazards and Risks in European Regions, Geological Survey of Finland, Special Paper 42, Espoo, p.125-151.

Governo da cidade de Parnu. 2006. Decisão do Governo da Cidade de Parnu, 23 de janeiro de 2006, n.º 3-28/270.

Peltonen, L., Haanpaa, S. e Lehtonen, S. 2005. O desafio da adaptação às alterações climáticas no planeamento urbano. FINADAPT Working Paper 13, Finnish Environment Institute Mimeographs 343, Helsínquia, 44 p.

Petschel-Held, G., Lüdeke, M.K.B., Reusswig, F. 2001. Mustermodellierung anthropogener Landnutzung: Von globalen zu lokalen Skalen und zurück. In. Linneweber, V. (ed.), Zukünftige Bedrohung durch (anthropogene) Naturkatastrophen. Livro de registos do Comité Alemão para o Estudo das Catástrofes, 22, p.78-94.

Perry, R.W. & Lindell, M.K. 1997. Principles for Managing Community Relocation as a Hazard

Mitigation Measure. In: Journal of Contingencies and Crisis Management, Volume 5/1 P/ 49 doi:10.1111/1468-5973.00036.

Quarantelli, E.L. 1995. Disaster planning, emergency management and civil protection: the historical development of organized efforts to plan for and to respond to disasters. Documento Preliminar #227. Newark, DE. Centro de Investigação de Catástrofes, Universidade de Delaware. 36p. Disponível em: http://www.udel.edu/DRC/preliminary/227.pdf, visitado em 02.08.2006

Rahmstorf, S. & Schellnhuber H. J. 2006. Der Klimawandel. München, 144p.

Rober B., Rudolphi H., Lampe R. & Zolitz-Moller R. 2005. Usedom - Desenvolvimento Costeiro e Implementação de Geoinformação num Quadro de Apoio à Decisão. In: Schmidt-Thome, P. (editor): Sea level Changes Affecting the Spatial Development of the Baltic Sea Region. Serviço Geológico da Finlândia, Documento Especial 41, Espoo, p.107119.

Robinson, P. 2006. Resposta dos municípios canadianos às alterações climáticas: Progressos mensuráveis e desafios persistentes para os planeadores. In: Planning theory & practice, Vol. 7, No.2 p.218-222.

Schellnhuber, H. J., Cramer, W., Nakicenovic, N., Wigley, T., Yohe, G. 2006. Avoiding dangerous climate change, Cambridge, 392p.

Schmidt-Thomé, M. 1975. A geologia na área de San Salvador (El Salvador, América Central), uma base para o desenvolvimento e planeamento da cidade. In: Geologisches Jahrbuch, Vol. 13, p. 207-228, Hannover.

Schmidt-Thomé, P. (editor) 2005. The Spatial Effects and Management of Natural and Technological Hazards in Europe - relatório final do projeto 1.3.1 da Rede Europeia de Ordenamento e Observação do Território (ESPON). Serviço Geológico da Finlândia. Espoo, 197p.

Schmidt-Thomé, P. 2005a. Luonnon ja teknologian aiheuttamat hasardit - Euroopan tason tarkastelun suhteuttaminen Suomeen. Em Eskelinen, H. & Hirvonen, T. (eds). ESPON etenee. Universidade de Joensuu, Relatórios do Instituto da Carélia 5/2005, Joensuu, p.20-38.

Schmidt-Thomé, P., Klein, J. & Schmidt-Thomé, K. 2006. Environmental Hazards and Risk Management - Thematic Study of INTERREG and ESPON activities. Relatório ESPON-INTERACT. Publicação Web disponível em www.interact-eu.net e www.gtk.fi/projects/espon, visitada em 06.07.2006.

Schmidt-Thomé, P., Klein, J., Aumo, R., & Hurstinen, J. 2006a. Relatório: Glossário Técnico de uma Linguagem de Avaliação de Risco e Vulnerabilidade Relacionada com Vários Perigos. Deliverable 4.2 não publicado do projeto ARMONIA, 6th Projeto-quadro financiado pela Comunidade Europeia,

Contrato n.º 511208. Espoo, 33p.

Câmara Municipal de Shoalhaven. 1990. Perigos naturais (exceto inundações ou incêndios) - planeamento e desenvolvimento. Número da política: POL04/74. Nowra, 3p. Disponível em: http://www3.shoalhaven.nsw.gov.au/applications/policyindexintemet/docs/843383.pdf, visitado em 19.06.2006.

Spiegel Online. 2006. http://service.spiegel.de/digas/servlet/find?wo=archiv&ATTRLIST=t&SD=1&S=climat e+change. Visitado em 02.08.2006.

Staudt M., Kordalski Z. & Zmuda J. 2005. Avaliação dos impactos modelados da subida do nível do mar na região de Gdańsk, Polónia. In: Schmidt-Thome, P. (editor): Sea level Changes Affecting the Spatial Development of the Baltic Sea Region (Alterações do nível do mar que afectam o desenvolvimento espacial da região do Mar Báltico). Serviço Geológico da Finlândia, Documento Especial 41, Espoo, p.121-130.

SUD (Grupo de Trabalho da UE sobre Desenvolvimento Espacial e Urbano) 2003. Gerir a dimensão territorial das políticas da UE após o alargamento. Documento de peritos. Disponível em: http://europa.eu.int/comm/regional policy/debate/document/jutur/member/esdp.pdf, visitado em 07.08.2006.

Tarvainen, T., Jarva J. & Greiving, S. 2006. Padrão espacial de perigos e interações de perigos na Europa. In: Schmidt-Thomé (ed.) 2006. Natural and Technological Hazards and Risks in European Regions, Geological Survey of Finland, Special Paper 42, Espoo, p.83-91.

O Tempo. 2005. Is Global Warming Fueling Katrina? Disponível em: http://www.time.com/time/nation/article/0,8599,1099102,00.html, visitado em 29.07.06.

Trenberth, K. 2005. Uncertainty in Hurricanes and Global Warming (Incerteza nos Furacões e no Aquecimento Global). In: Science Vol. 308. no. 5729, p.1753 - 1754. DOI: 10.1126/science.1112551. Disponível em: http://www.sciencemag.org/cgi/content/full/308/5729/1753, visitado em 30.07.06.

Nações Unidas. 2000. Prevenção sustentável das inundações. Comissão Económica para a Europa. Reunião das Partes na Convenção sobre a Proteção e Utilização dos Cursos de Água Transfronteiriços e dos Lagos Internacionais. MP.WAT/2000/7. Haia, 22p. Disponível em: http://www.bmu.de/files/pdfs/allgemein/application/pdf/hochwasser un leitlinien uk.p df, visitado em 02.08.2006.

Nações Unidas. 2004. Estratégia Internacional para a Redução de Desastres. Resolução adoptada pela Assembleia Geral 58/214 sobre o relatório do Segundo Comité (A/58/484/Add.5). 4p. Disponível em:

http://www.unisdr.org/wcdr/back-docs/docs/a-res- 58-214-eng.pdf, visitado em 02.08.2006.

PNUD. 2004. Reduzir o risco de catástrofes - Um desafio para o desenvolvimento. Programa das Nações Unidas para o Desenvolvimento, Gabinete para as Crises e a Recuperação. Nova Iorque, 149p.

Reino Unido. 2006. Alterações climáticas - O programa do Reino Unido para 2006. Secretário de Estado do Ambiente, Alimentação e Assuntos Rurais. CM6764 SE/2006/43. 202p. Disponível em: http://www.defra.gov.uk/environment/climatechange/uk/ukccp/pdf/ukccp06-all.pdf, visitado em 07.08.2006.

Viehhauser, M., Larsson K. & Stâlnacke, J. 2005. Impactos das futuras alterações climáticas e da subida do nível do mar na região de Estocolmo: Parte II - Análise SIG dos futuros riscos de inundação às escalas regional e municipal. In: Schmidt-Thome, P. (editor): Sea level Changes Affecting the Spatial Development of the Baltic Sea Region (Alterações do nível do mar que afectam o desenvolvimento espacial da região do Mar Báltico). Serviço Geológico da Finlândia, Documento Especial 41, Espoo, p.143-154.

Virkki, H., Kallio, H. & Orenius, O. 2005. Aumento do nível do mar e avaliação do risco de inundação em Ita-Uusimaa. In: Schmidt-Thome, P. (editor): Sea level Changes Affecting the Spatial Development of the Baltic Sea Region (Alterações do nível do mar que afectam o desenvolvimento espacial da região do Mar Báltico). Serviço Geológico da Finlândia, Documento Especial 41, Espoo, p.95-106.

Vries, de, J. 2006. Alterações climáticas e ordenamento do território abaixo do nível do mar: Água, água e mais água. In: Planning theory & practice, Vol. 7, No.2 p.223-226.

Wanczura, S. 2006. Avaliação das abordagens de planeamento espacial aos riscos naturais em determinados Estados-Membros da UE. In: Fleischhauer, M., Greiving, S. & Wanczura, S. (editores). 2006. Natural hazards and planning in Europe, Dortmund, p.175-184.

WBGU (Comité Científico do Governo Federal para as Alterações Globais do Meio Ambiente). 1998. Welt im Wandel - Strategien zur Bewaltigung globaler Umweltrisiken, Berlim, 378p.

Weiβ, M., Erdmenger, C., Strohschein, J., Bade, M., Beckers, R., Behnke, A., Berg, H., Burger, A. Eichler, F., Friedrich, A., Georgi, B., Hanhoff, I., Heinen, F., Jering, A., Kartschall, K., Kaschenz, H., Krause, B., Kühleis, C., Langrock, T., Lohse, C., Mahrenholz,, P., Mordziol, C., Nantke, H-J., Paulini, I., Pichl, P., Saupe, S., Schneider, J., Schulz, D., Schwaab, K., Soker, M., Verron, H., Wehrspaun, M., Westermann, B., Winzer, M. 2006.The Future in Our Hands. 21 Declarações de Política Climática para o século XXI. Agência Federal do Ambiente (Umweltbundesamt), Berlim, 167p.

yes

I want morebooks!

Buy your books fast and straightforward online - at one of world's fastest growing online book stores! Environmentally sound due to Print-on-Demand technologies.

Buy your books online at
www.morebooks.shop

Compre os seus livros mais rápido e diretamente na internet, em uma das livrarias on-line com o maior crescimento no mundo! Produção que protege o meio ambiente através das tecnologias de impressão sob demanda.

Compre os seus livros on-line em
www.morebooks.shop

info@omniscriptum.com
www.omniscriptum.com

Printed by Books on Demand GmbH, Norderstedt / Germany